OBSERVATIONS PRÉLIMINAIRES

AU SUJET DE LA

DÉCOMPOSITION DES CIMENTS

A LA MER

PAR

M. Henry Le CHATELIER,

Ingénieur en Chef des Mines.

(Extrait des ANNALES DES MINES, livraison de Septembre 1904).

PARIS

Vve Ch. DUNOD, ÉDITEUR

49, Quai des Grands-Augustins, 49

1904

TOURS

IMPRIMERIE DESLIS FRÈRES

6, Rue Gambetta, 6

OBSERVATIONS PRÉLIMINAIRES

AU SUJET DE LA

DÉCOMPOSITION DES CIMENTS

A LA MER

PAR

M. Henry Le CHATELIER,

Ingénieur en Chef des Mines.

(Extrait des ANNALES DES MINES, livraison de Septembre 1904.)

PARIS

Vᵉ Cн. DUNOD, ÉDITEUR

49, Quai des Grands-Augustins, 49

1904

DÉCOMPOSITION DES CIMENTS A LA MER [*]

INTRODUCTION.

J'avais accepté de faire devant le Congrès de l'Association internationale des méthodes d'essais, qui devait se réunir cette année à Saint-Pétersbourg, un rapport d'ensemble sur l'état actuel des études relatives à la décomposition des ciments à la mer ; mais, en cherchant à réunir les documents nécessaires, je n'ai pu trouver les éléments d'un rapport semblable, ou du moins, il aurait dû se réduire à ces quelques lignes :

« Les travaux faits dans ces cinquante dernières an-
« nées n'ont fait que vérifier les trois affirmations suivantes
« de Vicat :

« 1° Tous les liants hydrauliques, mis en contact *intime*
« avec l'eau de mer, sont, au bout d'un temps plus ou
« moins long, totalement décomposés par l'action chi-
« mique des sels de magnésie ;

« 2° Les mortiers sont décomposés d'autant plus lente-
« ment qu'ils sont plus compacts ;

« 3° Ils sont décomposés d'autant plus lentement que
« l'indice d'hydraulicité est plus élevé, en comptant dans

(*) Ce mémoire devait être présenté au Congrès de l'Association internationale des méthodes d'essais à Saint-Pétersbourg, qui n'a pu avoir
lieu en raison de la guerre avec le Japon.

« cet indice la silice et l'alumine combinées à la chaux,
« soit pendant la cuisson, soit, dans le cas d'additions
« pouzzolaniques, pendant le durcissement. »

Je me contenterai de présenter un mémoire personnel,
ayant pour objet de préciser la voie à suivre dans
l'avenir pour arriver à des résultats plus féconds que par
le passé. L'échec des expériences innombrables, faites
sur la décomposition des ciments à la mer, provient de la
méthode exclusivement empirique suivie jusqu'ici. La
méthode scientifique si fructueuse de Vicat a été abandonnée aussitôt après sa mort, une funeste réaction s'est
produite contre ses idées.

La tendance générale, tant parmi les fabricants de ciment
que parmi les ingénieurs-constructeurs, est de poursuivre
ces études en essayant à la mer, dans les conditions ordinaires d'emploi, des blocs de maçonnerie construits
avec les mortiers de chantier habituels et en suivant la
marche progressive de leur destruction. Pour tirer des
conclusions probantes de tels essais, il faut au moins
attendre un demi-siècle.

La France est le seul pays où cette question ait été mise
à l'ordre du jour depuis un temps un peu reculé. En 1853,
les Ministres des Travaux publics et de la Marine don-
nèrent l'ordre d'organiser, sur un programme déterminé,
des études de cette nature dans les principaux ports fran-
çais. Malheureusement on n'eut pas la persévérance de
les suivre le temps voulu, et, aujourd'hui, le port de la
Rochelle est le seul à posséder une série complète de
résultats. Tous les blocs, mis en expérience dans ce port,
sont aujourd'hui disparus ou peu s'en faut. Les deux plus
résistants avaient été fabriqués, l'un avec des mortiers
très riches d'un ciment Portland anglais à grosse mouture ;
le second avec des mortiers d'un ciment maritime à fort
indice fabriqué par Vicat.

En Allemagne, on a organisé il y a quelques années des

expériences de même nature, mais il faudra attendre long-temps avant de pouvoir en tirer aucune conclusion. En France, on se préoccupe également de reprendre ces études. L'expérience du passé autorise peut-être à un certain scepticisme à l'égard des résultats de l'avenir.

Il ne sera pas inutile de rappeler dès le début de ce travail les différences essentielles entre les méthodes de recherches empirique et scientifique.

Tout phénomène naturel est une fonction d'un certain nombre de facteurs plus simples, de variables indépendantes :

$$Z = f(x, y, z).$$

La méthode scientifique consiste à chercher systématiquement :

1° Quelles sont toutes les variables indépendantes dont dépend le phénomène considéré ;

2° Quelle est l'importance relative de chacune de ces variables sur la grandeur du phénomène étudié ;

3° Et, dans la mesure du possible, quelle est la forme algébrique de la fonction qui rattache le phénomène à ses facteurs. Pour arriver à cette détermination, la méthode à suivre consiste à faire varier à la fois une seule des variables de la fonction et à suivre la loi de sa variation.

La méthode empirique, au contraire, fait varier simultanément et au hasard toutes les conditions d'un phénomène, se contentant de mesurer la grandeur de celles qui sautent aux yeux ; puis, en comparant les mesures ainsi faites au résultat obtenu, on cherche si une relation évidente se présente entre le phénomène étudié et ses conditions génératrices.

Lorsqu'il s'agit d'un phénomène simple, comme la relation entre le poids d'une masse d'eau et son volume, la relation de proportionnalité entre le poids et le volume saute de suite aux yeux, quelles que soient les observations faites. Si, au lieu d'une variable indépendante, il y en a deux, comme dans la loi de Mariotte et de Gay-Lussac, on peut encore, avec quelques mesures faites au hasard, arriver à reconnaître comment la pression d'un gaz varie en fonction de son volume et de sa température ; mais, quand le nombre des variables devient infiniment grand et que le nombre des combinaisons mutuelles des différentes grandeurs de ces variables croît par suite suivant une loi plus rapide encore, on s'explique sans peine qu'il soit impossible de rien démêler de précis au moyen d'expériences faites sans méthode.

Pour arriver à élucider cette question de la décomposition des ciments à la mer, il faut se décider à suivre une marche peut-être plus lente en apparence, mais beaucoup plus certaine, consistant à étudier point par point toutes les conditions élémentaires dont elle dépend. C'est la méthode que je voudrais essayer d'appliquer dans ce mémoire.

FACTEURS ÉLÉMENTAIRES DE LA DÉCOMPOSITION
DES CIMENTS A LA MER.

Dans la décomposition des ciments à la mer, nous avons, en premier lieu, à envisager quatre ordres de matières différentes : le *ciment*, l'*eau de la mer* avec tous les corps qu'elle tient en dissolution, les *êtres vivants*, coquilles et végétaux qui se fixent à la surface des ciments, et enfin l'*atmosphère* qui intervient par son acide carbonique ou par sa vapeur d'eau.

Ces différents corps se transforment, c'est-à-dire sont le siège de phénomènes de nature variée, de phénomènes *chimiques*, de phénomènes *physiques*, de phénomènes *mécaniques*. Les phénomènes chimiques, très nombreux, comprennent le durcissement des liants hydrauliques, la décomposition des composés ainsi formés par l'eau de la mer, et enfin les combinaisons de ces produits de décomposition avec les éléments, soit du ciment, soit des eaux de la mer. Les phénomènes physiques se rattachent à la porosité plus ou moins grande des mortiers et aux propriétés de diffusion des sels contenus dans l'eau de mer ; enfin, dans les maçonneries alternativement exposées par le jeu des marées à l'action de l'air et à l'action de l'eau, il se produit, par le fait de l'évaporation, des concentrations de sels en certains points des maçonneries. Les phénomènes mécaniques comprennent le soulèvement des blocs de maçonnerie par les vagues, leur rupture par le choc de ces vagues ou leur usure par le frottement du sable.

Mais ce n'est pas tout, chacun de ces phénomènes élémentaires ne peut pas se produire, sans exercer une réaction sur les autres phénomènes concomitants ; les fentes, l'usure produites par l'action mécanique de l'eau de mer facilitent la diffusion physique des sels, et celle-ci à son tour favorise l'action chimique des mêmes sels en les amenant en contact avec la chaux. Réciproquement, les actions chimiques qui se développent dans la maçonnerie occasionnent des fissures, facilitant la pénétration des sels et la rupture des blocs du mortier sous l'action des chocs de la mer, etc.

Dans cette étude, nous n'envisagerons que les phénomènes chimiques, de beaucoup, du reste, les plus importants, et nous ne considérerons le rôle des phénomènes physiques et mécaniques que dans la mesure où ils peuvent influencer les phénomènes chimiques étudiés.

PREMIÈRE PARTIE.

PHÉNOMÈNES CHIMIQUES ÉLÉMENTAIRES.

Pour procéder du simple au composé, il y a lieu d'abord d'étudier la nature chimique actuelle des différents corps en présence, puis les réactions dont ils sont individuellement le siège, et enfin les doubles décompositions mutuelles qui se produisent entre eux.

Eau de mer. — La composition chimique de l'eau de mer est assez constante quand on la prend au large et loin des côtes. Dans les ports, au contraire, c'est-à-dire là où la décomposition est surtout intéressante à étudier, la composition de l'eau de mer est assez variable. Elle est très souvent diluée par la présence de cours d'eau, ce qui tendrait, en diminuant sa concentration saline, à atténuer son action ; mais, d'autre part, elle renferme quelquefois des produits organiques venant des immondices des villes, dont la présence peut ne pas être sans action. On l'affirme parfois, sans avoir pourtant aucun fait bien précis à avancer.

Voici la composition chimique de l'eau de mer de la Méditerranée, rapprochée de celle de l'eau de mer artificielle, dont la préparation est indiquée plus loin :

		Artificielle	Méditerranée
Sodium	Na	$11^{gr},6$	$11^{gr},5$
Magnésium	Mg	1 ,27	1 ,3
Calcium	Ca	0 ,35	0 ,4
Potassium	K	0 ,08	0 ,5
Chlore	Cl	20 ,2	20 ,4
Acide sulfurique	SO^4	2 ,76	2 ,9
Acide carbonique disponible		0 ,0440	0 ,0497

Voici la quantité totale de sels contenus dans l'eau de la mer, prise en différents endroits, et rapportée à 1 litre :

Vincent. — Voyage de l'*Isis* dans les océans
    Atlantique et Pacifique, de............... 35 à 39^{gr},0
Forchammer. — (Mer du Nord)............. 33 ,0
    —   — (Atlantique)............... 34 ,3
    —   — (Méditerranée)............ 37 ,5
Usiglio. — (Méditerranée)................. 37 ,7
Thorpe. — (Mer d'Irlande)................ 35 ,85
Pittmar. — Voyage du *Challenger* dans les
    océans Indien et Atlantique, de.......... 33 à 37 ,0
Candlot. — (Manche)....................... 35 ,7

Pour les expériences de laboratoire, quand on n'a pas à sa disposition d'eau de mer d'une composition bien déterminée, on a souvent avantage à employer une eau de mer artificielle reconstituée de toutes pièces. Voici la formule qui a été recommandée sur ma proposition par la Commission française des méthodes d'essais :

Chlorure de sodium................. NaCl   30^{gr},0
Sulfate de magnésie cristallisé........ $MgO.SO^3.7HO$ 5 ,0
Chlorure de magnésium cristallisé.... $MgCl.6HO$ 6 ,0
Sulfate de chaux hydraté............. $CaO.SO^3.2HO$ 1 ,5
Bicarbonate de potasse.............. $KO.HO.2CO$ 0 ,2
Eau distillée, de pluie ou de rivière,
    bouillie.............................. 1.000 ,0

Il est important de ne pas supprimer, comme on est quelquefois tenté de le faire, certains corps se trouvant en petites quantités dans l'eau de la mer, tels que le sulfate de chaux et les bicarbonates ; de petites quantités de ces corps ont une très grande influence sur le degré de conservation des mortiers. Le premier de ces corps en active considérablement la décomposition, tandis que le second la retarde d'une façon très marquée.

Lorsque l'eau de mer est mise en contact avec de la chaux ou des sels calcaires, comme ceux des ciments, la totalité de

la magnésie est précipitée, et il se forme des sels de chaux
correspondants restant en dissolution. La composition du
liquide obtenu, en partant, par exemple, de l'eau de la
Méditerranée, est donnée dans le tableau suivant :

Chlorure de sodium .... 30 grammes par litre
Sulfate de chaux (SO^{4}Ca) 4,1
Chlorure de calcium (CaCl^2)...... 3,0
Chlorure de potassium........... 1,0

La proportion de sulfate de chaux indiquée est supérieure à celle qui correspond à sa saturation normale dans
l'eau douce. Sa solubilité est un peu accrue en présence
du chlorure de sodium, et l'excédent reste au moins mo-
mentanément à l'état de sursaturation.

CONSTITUTION CHIMIQUE DES PRODUITS HYDRAULIQUES.

La nature exacte des combinaisons chimiques qui
préexistent dans le ciment ou se forment pendant leur
hydratation est évidemment un élément capital du pro-
blème étudié. Nous résumerons ici les résultats généralement admis à ce sujet.

Les différents liants hydrauliques sont obtenus par la
cuisson de mélanges intimes naturels ou artificiels de calcaire et de matière dite argileuse, renfermant de la silice,
de l'alumine et du fer. Sous l'action de la chaleur, la
chaux se décarbonate, puis entre en combinaison d'une
façon plus ou moins complète avec la matière argileuse.
Pour que ces combinaisons atteignent leurs limites, il faut
que la température de cuisson soit assez élevée, comprise
entre 1.400 et 1.700° suivant la nature des mélanges,
que cette température soit maintenue pendant un temps
suffisant, qui ne doit guère être inférieur à une heure, et
enfin que les matières mêlées soient suffisamment fines
pour donner avant réaction une masse déjà homogène.

Les composés chimiques prenant naissance sous l'action
de la chaleur sont très variés ; celui qui joue le rôle le plus
important dans le durcissement des liants hydrauliques
est le silicate tricalcique

$$SiO^2,3CaO$$

dont l'existence, signalée par M. Le Chatelier, a été con-
firmée depuis par Newberry. Ce corps se rencontre dans
les ciments Portland, les chaux hydrauliques, et aussi,
quoiqu'en moindre quantité, dans les ciments à prise rapide
cuits à basse température.

L'alumine et le fer donnent avec la chaux, sous l'action
de la chaleur, des aluminates ou ferrites mono, bi et tri-
calciques. Ces trois séries de composés font prise au contact de l'eau ; on ne sait pas au juste quels sont ceux qui
prennent naissance dans les ciments ; on doit, suivant les
cas, y rencontrer les uns ou les autres.

La silice, l'alumine, le fer et la chaux donnent également des silico-alumino-ferrites de chaux, qui semblent
rester inertes pendant l'hydratation. Enfin il existe souvent de la chaux non combinée, en faible proportion dans
les ciments, en proportion beaucoup plus considérable
dans les chaux hydrauliques. Tels sont les constituants de
tous les produits hydrauliques obtenus directement par
cuisson.

Une seconde catégorie de produits hydrauliques, dits
produits *pouzzolaniques*, sont constitués par des mélanges
de chaux éteinte avec des matières siliceuses, qui ont la
propriété de se combiner, en présence de l'eau, à la chaux ;
ces matières siliceuses sont des produits naturels, généralement d'origine volcanique et altérés ultérieurement
par l'eau, tels le trass, la pouzzolane. D'autres sont des
produits artificiels, tels l'argile torréfiée à basse température, certains laitiers de hauts fourneaux refroidis
brusquement en les coulant dans l'eau. Enfin, dans cer-

tains ciments à prise rapide, cuits à basse température, il semble que la matière argileuse, entrée incomplètement en combinaison avec la chaux, ait conservé des propriétés pouzzolaniques.

Sous l'action de l'eau, ces différents silicates et aluminates donnent naissance à des composés hydratés. Le silicate de chaux hydraté a pour formule :

$$SiO^2CaO.2,5H^2O.$$

Il se produit soit par combinaison directe de la silice des matières pouzzolaniques avec la chaux éteinte, soit par dédoublement du silicate tricalcique en présence de l'eau; celui-ci donne, en même temps que le silicate hydraté, de l'hydrate de chaux cristallisé en grandes lamelles hexagonales. En réalité, l'analyse du silicate de chaux hydraté n'est pas exactement celle du silicate monocalcique; il renferme, comme l'a signalé M. Le Chatelier et confirmé depuis M. Newberry, 1,7 à 1,8 équivalent de chaux pour 1 de silice. La chaux en excès est fixée par une sorte d'addition capillaire sur le silicate monocalcique, dont les cristaux sont extrêmement ténus, de la même façon qu'elle se fixe sur des corps très poreux, comme le charbon de bois. On attribue parfois à ce composé la formule du silicate dicalcique, qui est en effet plus voisine de la composition trouvée directement par l'expérience; mais c'est là une hypothèse gratuite, contredite formellement par ce fait que, si on lave le silicate de chaux avec de l'eau distillée, on lui enlève progressivement son excès de chaux sans arriver à une concentration du liquide constante en chaux, tant que la composition du silicate ne se confond pas avec celle du silicate monocalcique.

Les aluminates de chaux mis en présence de l'eau s'hydratent simplement comme le plâtre : l'aluminate dicalcique donne le composé :

$$Al^2O^3,2CaO,6H^2O,$$

cristallisé en lamelles hexagonales; l'aluminate tricalcique
donne l'hydrate :

$$Al^2O^3, 3CaO, 10H^2O.$$

M. Le Chatelier lui avait d'abord attribué la formule de
l'aluminate tétracalcique, parce que la quantité de chaux
trouvée par l'analyse était toujours un peu supérieure à
celle exigée par la formule de l'aluminate tricalcique;
mais M. Candlot, par des recherches plus précises, a
montré que le composé hydraté correspondait bien à l'aluminate tricalcique; c'est ce composé qui se produit toujours
dans la chaux hydraulique et le ciment, en raison de la
présence de chaux en excès mise en liberté par l'hydratation du silicate. L'aluminate dicalcique, moins riche en
chaux, ne pourrait se produire que dans certains mortiers
de pouzzolanes ou dans les ciments à prise rapide, lorsque
le durcissement est assez avancé pour qu'il ne subsiste
plus aucune partie de chaux libre; mais on ne possède
aucune donnée précise à ce sujet.

Les ferrites de chaux donnent également des hydrates;
le ferrite tricalcique hydraté est blanc, mais se décompose rapidement sous l'action de l'acide carbonique de
l'air, en mettant en liberté du sesquioxyde de fer brun;
c'est à cette réaction que les ciments colorés en brun à
l'air doivent leur coloration. Le fait que certains ciments,
par exemple le ciment Portland bien cuit, ne prennent
pas cette coloration brune, quoiqu'ils renferment une quantité notable de fer, prouve que les ciments ne renferment
pas le fer à l'état de ferrite, mais sans doute de silico-
ferrite inattaquable par l'eau.

L'aluminate tricalcique a la propriété de donner avec
le chlorure de calcium et le sulfate de chaux des combinaisons cristallines qui jouent un rôle important dans la
façon de se comporter des ciments à l'eau de mer. Le
chloro-aluminate de chaux, dont l'existence probable avait

été signalée par M. Candlot, a été préparé à l'état cristallisé par M. Friedel, qui lui attribue la composition :

$$Al^2O^3.3CaO.2CaCl^2.10H^2O.$$

Ce corps se décompose immédiatement, en présence de l'eau, en aluminate tricalcique et chlorure de calcium dissous.

Le sulfo-aluminate de chaux, découvert par M. Candlot et étudié par Michaëlis et Deval, a pour composition :

$$Al^2O^3.3CaO.3(SO^3,CaO).30H^2O.$$

Ce corps se décompose, ou se transforme, en présence de l'eau à la température de 48°. C'est, comme nous le verrons plus loin, à la formation de ce corps que doit être attribuée la désagrégation mécanique des ciments à la mer.

Action chimique des sels de l'eau de mer sur les liants hydrauliques. — La plupart des réactions chimiques exercées par les sels de l'eau de mer sur les liants hydrauliques sont régies par les lois de Berthollet ; elles consistent en échanges partiels de bases et d'acides qui ne deviennent complets que lorsque l'un des nouveaux corps formés est suffisamment insoluble ; cela suffit pour prévoir toutes les réactions. Soit d'abord le chlorure de sodium : le chlorure de sodium, par échanges partiels de sa base avec les chaux ou avec les silicates et aluminates de chaux, tend à donner de la soude caustique, des silicates et aluminates de soude qui sont tous très solubles, tandis que les composés calcaires décomposés sont très peu solubles. Il ne peut donc y avoir aucune réaction du chlorure de sodium sur les composés des liants hydrauliques ; tout au plus la présence de ce sel provoque-t-elle un léger accroissement de la solubilité des composés calcaires et peut ainsi intervenir dans la rapidité initiale du durcissement, c'est-à-dire la rapidité de prise. En fait, l'expérience est bien conforme à ces prévisions théoriques, car on n'a jamais observé d'action certaine des solutions de chlorure de sodium sur les mortiers hydrauliques; ce corps ne joue aucun rôle dans la décomposition des ciments à la mer.

Les sels de magnésie agissant sur les sels de chaux tendent aussi à donner lieu à des phénomènes de partage; mais, dans la plupart des cas, le nouveau composé magnésien ainsi formé étant moins soluble que les composés calcaires, les réactions peuvent devenir complètes; c'est ainsi que la chaux éteinte précipite complètement les sels de magnésie, parce que la magnésie est à peu près complètement insoluble, elle est en tout cas infiniment moins soluble que la chaux. Les silicates et aluminates de chaux sont également décomposés par les sels de magnésie, mais on ne sait pas si le précipité obtenu est formé de silicate et d'aluminate de magnésie ou de magnésie mêlée de silice et d'alumine. Les deux réactions sont possibles, car l'eau décompose partiellement les silicates et aluminates de chaux en mettant en liberté de la chaux libre, et celle-ci tend à précipiter des sels de magnésie de la magnésie libre. Vicat a, le premier, signalé cette décomposition des liants hydrauliques par les sels de magnésie, et il a montré que, dans la majeure partie des cas, la totalité de la chaux était ainsi dissoute et remplacée par de la magnésie précipitée. Cependant il croyait avoir observé que, dans le cas des mortiers renfermant très peu de chaux et une quantité considérable d'argile, quatre fois plus que de chaux par exemple, celle-ci pouvait s'engager dans les combinaisons pouzzolaniques dont la magnésie n'arrivait plus à l'expulser. Les expériences que j'ai faites sur ce sujet et celles de M. Deval ne semblent pas confirmer l'affirmation de Vicat. La totalité de la chaux engagée dans les combinaisons hydratées formées pendant le durcissement des liants hydrauliques est déplacée par les sels de magnésie.

Le sulfate et le carbonate de chaux, au contraire, ne sont pas décomposés par les sels de magnésie, parce que ces deux composés calcaires sont beaucoup moins solubles que les composés magnésiens correspondants. Les lois de Berthollet s'appliquent donc bien encore dans ce cas.

La décomposition complète des silicates et aluminates de chaux, par les sels de magnésie, n'est vraie que des composés hydratés formés pendant le durcissement. Il existe des composés calcaires anhydres que les sels de magnésie ne décomposant pas, certains éléments des laitiers, le silicate monobasique de chaux et peut-être le silicate bibasique. Dans ce cas, on est en présence d'un phénomène d'ordre tout différent; il n'y a plus équilibre chimique, il y a seulement absence de réaction; il n'y a pas lieu d'appliquer les lois de Berthollet, qui sont des lois d'équilibre, ne s'appliquant que dans le cas où les corps entrent réellement en réaction.

Cette première réaction des sels de magnésie sur les sels calcaires des liants hydrauliques est suivie d'un second ordre de phénomènes : le chlorure de calcium et le sulfate de chaux formés aux dépens des sels de magnésie correspondants donnent lieu avec les constituants des mortiers à des phénomènes chimiques d'addition, plus importants encore que la substitution même de la magnésie à la chaux, à tel point que des dissolutions de chlorure de calcium additionnées de sulfate de chaux se comportent à peu de chose près, comme l'a montré M. Candlot, de la même façon que l'eau de mer. D'ailleurs, non seulement les sels de magnésie, mais en général tous les sels métalliques décomposables par la chaux : sels de zinc, de cuivre, de cobalt, etc., donnent lieu à des phénomènes semblables : déplacement de la base insoluble par la chaux, formation de chlorure et de sulfate de chaux. Et l'action de ces sels sur la rapidité de la prise, sur la désagrégation des mortiers, est de tout point semblable à celle de l'eau de mer; cela suffit pour montrer que c'est bien aux sels de chaux que sont dus les plus importants des phénomènes observés. Il y a donc lieu d'étudier en détail cette action des sels de chaux.

Avant d'aborder cette étude, mentionnons l'action d'un dernier constituant de l'eau de mer, important à prendre en considération malgré sa très faible proportion : c'est le bicarbonate de magnésie. Ce corps donne, au contact de la chaux, du carbonate de chaux et du carbonate de magnésie insolubles, qui viennent s'ajouter au mortier sans rien lui enlever, contrairement à ce qui arrivait avec les autres sels de magnésie, lesquels dissolvaient une quantité de sels de chaux équivalente à la magnésie précipitée. La présence des bicarbonates a pour effet de ralentir considérablement la désagrégation des mortiers : il suffit d'ajouter à une solution de sulfate de magnésie de faibles quantités de bicarbonate de potasse pour paralyser en grande partie son action néfaste.

Action du chlorure de calcium sur la chaux. — Le chlorure de calcium se combine à la chaux libre pour donner un oxychlorure de calcium ayant pour formule :

$$CaCl^2.3CaO.Aq.$$

D'après M. Ditte, ce corps se décompose par l'eau, mais la décomposition s'arrête quand le liquide renferme 100 grammes de chlorure de calcium par litre. Cette proportion est bien supérieure à celle qui peut se former aux dépens du chlorure de magnésium de l'eau de mer et, par suite, jamais on ne trouvera d'oxychlorure de calcium cristallisé dans le durcissement des mortiers au contact de l'eau de mer. Au contraire, quand on gâche le ciment

2

avec des solutions à 300 grammes par litre, comme l'a proposé M. Candlot, pour le cas où l'on a besoin d'avoir un mortier prenant extrêmement rapidement et donnant une très grande dureté, il se forme une quantité considérable de ce sel double dont les aiguilles, entrelacées dans la masse, contribuent à lui donner de la dureté.

En solution étendue et à la concentration où il peut se former aux dépens du chlorure de magnésium de l'eau de la mer, le chlorure de calcium exerce encore une action très notable sur la chaux *vive*, dont il accélère l'extinction. Il doit se produire aux dépens de la chaux vive de l'oxychlorure, qui se détruit bientôt au contact de l'eau pour redonner de l'hydrate de chaux ; mais sa formation passagère suffit pour accélérer considérablement l'hydratation de la chaux.

Au contact de la chaux vive, corps qui n'est pas en équilibre en présence de l'eau, la proportion d'oxychlorure qui tend à se former est infiniment plus grande qu'au contact de l'hydrate de chaux ; ce corps, également instable à une concentration semblable, se détruit en donnant de l'hydrate de chaux pour aller de suite se reformer au contact de la chaux vive. C'est donc exactement le même mécanisme que celui du durcissement du mortier, la sursaturation du corps anhydre servant d'intermédiaire à la formation de l'hydrate.

M. Candlot a montré qu'en gâchant de la chaux vive fortement calcinée avec une solution de chlorure de calcium à 20 ou 30 grammes par litre, l'extinction se produit en moins d'une demi-heure, quand, au contact de l'eau pure, elle aurait demandé plusieurs heures et même plusieurs jours. Le même fait se produit au contact de l'eau de mer ; en immergeant des galettes de ciment renfermant de la chaux libre dans l'eau de mer, aussitôt après leur confection, on voit la surface de la briquette se couvrir d'une multitude de petites fentes amenées par l'hydratation de la chaux libre. Si l'oxychlorure de calcium ne peut pas subsister à l'état cristallisé au contact de solutions trop diluées de chlorure de calcium, il n'en subsiste pas moins en dissolution une certaine quantité, dans une proportion qui n'est pas connue, mais que l'on pourrait sans doute déterminer par la méthode des conductibilités électriques.

Voici des résultats d'expériences faites par M. Candlot pour comparer la vitesse d'hydratation de la chaux en présence soit de l'eau pure, soit de solutions diluées de chlorure de calcium ; la chaux employée provenait de la calcination à très haute température d'un calcaire impur renfermant de petites quantités de silice, alumine et fer. Son extinction complète mettait plusieurs jours à se produire dans les conditions ordinaires. Pour suivre la vitesse d'hydratation de la chaux, M. Candlot a mesuré l'élévation de température : celle-ci est évidemment fonction de la quantité de chaux hydratée dans l'unité de temps ; le poids de chaux était de 50 grammes, et la quantité de liquide, 20 centimètres cubes.

Temps	Eau pure	$CaCl^2$ 30 gr. par litre
5′	1°	1°
10	2°	3°
15′	7°	17°
20′	7°	72°
25′		80°
30′		72°

Action du chlorure de calcium sur l'aluminate de chaux. — M. Candlot a étudié cette action en grand détail ; il y a deux cas très différents à considérer : celui des solutions concentrées et celui des solutions étendues.

1° *Solutions concentrées.* — Soit d'abord le cas des solutions concentrées, qui doit être le plus favorable à la formation du chloro-aluminate de chaux :

$$Al^2O^33CaO,2CaCl^2.10H^2O.$$

L'action des solutions de chlorure de calcium renfermant de 200 à 400 grammes de sel par litre se manifeste tout d'abord par une accélération considérable de la prise. Tous les ciments Portland, à condition qu'ils ne soient pas éventés, font prise en quelques minutes, tandis qu'avec l'eau pure leur prise dépasse souvent une heure; le durcissement continue à se faire beaucoup plus rapidement, et la résistance finale semble elle-même beaucoup plus considérable que dans le cas du ciment gâché à l'eau pure. Voici, par exemple, des résultats obtenus pour la résistance à la traction d'un même ciment Portland gâché à l'eau pure ou avec une solution de chlorure de calcium à 380 grammes par litre.

Temps	Eau pure	CaCl2 à 380 grammes par litre
1 heure..............	»	5
6 heures............	»	16
48 —	12,2	41
7 jours.............	25,9	48,5
28 —	36	50
1 an...............	52	57

Quand le ciment employé est éventé, l'accélération de la prise est peu importante; la résistance finale est plus faible, et dans certains cas même, il se produit au bout de quelques heures un gonflement, et une désagrégation complète de la pâte. M. Candlot a montré que cette action du chlorure de calcium sur les ciments se rapportait à la présence de l'alumine, car un ciment de grappier siliceux, traité dans les mêmes conditions, n'a donné pour ainsi dire aucune accélération dans le durcissement. Il a établi de plus que cette accélération de la prise et du durcissement se rattache à la production de solutions sursaturées, qui peuvent arriver à contenir des proportions très importantes d'alumine. De l'aluminate de chaux répondant à peu près à la formule :

$$Al^2O^3.1,5CaO,$$

fut mis en suspension dans une solution de chlorure de calcium à 300 grammes par litre ; on agitait fréquemment et de temps en temps on prélevait une certaine quantité du liquide pour y doser l'alumine et la chaux dissous. Les expériences ont été faites avec le produit amené à des degrés de finesse plus ou moins considérables.

Temps	Finesse moyenne		Grande finesse	
	Chaux	Alumine	Chaux	Alumine
1'.............	5,2	15	5,4	13
2'.............	4,2	12	7,7	24
3'.............	3,7	7	10,3	26
4'.............	1,1	2,5	7,9	18

L'oxyde de fer, comme l'alumine, est soluble dans ces solutions salines ; on l'observe en traitant du ciment brut dans les mêmes conditions que l'aluminate de chaux : voici, par exemple des résultats obtenus avec des ciments à différents degrés de cuisson. On agitait 50 grammes de ciment dans 150 centimètres cubes d'une solution à 300 grammes par litre, et l'on prélevait de temps en temps des échantillons du liquide pour l'analyser.

Temps	Roches noires bien cuites		
	CaO	Al^2O^3	Fe^2O^3
3'.................	3,6	2,1	0,4
30'.................	3,8	1,5	0,6
60'.................	3,8	0,6	1,2
24 heures	2,1	0,2	0,9

Temps	Roches grises moyennement cuites		
	CaO	Al^2O^3	Fe^2O^3
3'.............	69,1	2,2	0,4
30'.............	27,3	4,42	0,8
60'.............	6,4	1,6	0,9
24 heures	2,6	1,2	0,7

Temps	Roches grises insuffisamment cuites		
	CaO	Al^2O^3	Fe^2O^3
3'.............	14,6	5,6	0,6
30'.............	15,2	4,4	2,5
60'.............	11,8	3,3	2,5
24 heures.........	4,5	0,5	1,6

Ces solutions filtrées laissent déposer à la longue de l'oxychlorure de calcium; si, au contraire, on les étend d'eau, elles donnent d'abondants précipités d'aluminate et de ferrite de chaux qui rendent le liquide pâteux.

L'échauffement qui se produit pendant l'action de la solution varie également avec le degré de cuisson du ciment; les trois échantillons précédents de ciment ont donné les élévations maxima suivantes de température après quatre minutes :

Roches noires..............................	16°
— grises..............................	19°
— jaunes	52°

Dans les ciments éventés, la proportion de matière dissoute est, au contraire, très faible, ce qui explique les différences d'action observées au sujet de la prise et du durcissement. Voici les résultats obtenus avec un ciment éventé :

Temps	Chaux	Alumine	Fer
10′...............	0,7	»	»
6 heures	1,1	0,09	0,11
1 mois...........	2,1	0,03	0,23
1 an.............	1,5	traces	traces

Les produits qui renferment de la chaux libre hydratée ne peuvent être gâchés avec les solutions concentrées de chlorure de calcium, parce qu'ils se prennent de suite en grumeaux en raison de la formation immédiate de l'oxychlorure de calcium; c'est le cas des chaux hydrauliques, des ciments de laitiers et de la plupart des ciments à prise rapide.

Ces conditions de concentration des solutions de chlorure de calcium n'ont évidemment aucun rapport avec celles qui peuvent être obtenues aux dépens du chlorure de magnésium contenu dans les eaux de la mer; elles sont cependant intéressantes à étudier parce que, d'une part, elles ont, les premières, fait prévoir l'existence d'une combinaison du chlorure de calcium avec l'aluminate de chaux et que, d'autre part, l'action du chlorure de calcium en solution concentrée sur un ciment peut, dans certains cas, donner des indications utiles sur sa constitution, permettre d'y reconnaître la présence d'hydrate de chaux libre, d'alumine combinée à l'état d'aluminate de chaux. On n'a peut-être pas tiré de ce procédé tout le parti qu'il comporte, mais il semble bien qu'il pourra y avoir intérêt à s'en préoccuper dans les études relatives à l'action de l'eau de mer sur les différents ciments, en vue d'arriver à définir la constitution réelle de ces ciments.

Les solutions diluées de chlorure de calcium, de concentration comparable à celle que peut fournir l'eau de mer décomposée par la chaux des ciments, ont une action encore très marquée, mais toute différente de celle des solutions concentrées; jusqu'à la concentration de 60 grammes par litre, ces solutions ralentissent considérablement la prise des ciments Portland. Voici les résultats relatifs à deux ciments :

$CaCl_2$ dans 1 litre	Ciment n° 1	Ciment n° 2
2 grammes	5′	1 heure
5 —	10′	10 heures
20 —	1 heure	12 —
40 —	4ʰ 30′	8 —
60 —	3ʰ 20′	6ʰ 20′
100 —	3′	20′
300 —	2′	8′

La résistance mécanique à la traction est également considérablement augmentée quand le mortier est gâché avec une solution diluée de chlorure de calcium. Voici la comparaison obtenue en mortier 1/3 plastique, gâché, soit à l'eau douce, soit avec une solution à 20 grammes par litre :

Liquides	7 jours	28 jours	3 mois	1 an	2 ans
Eau douce..........	6,8	12,7	20	29	37,5
$CaCl^2$ 20 gr. par 1 litre.	10,5	16,8	26,2	41,8	49,6

Des expériences faites pour étudier la solubilité de l'aluminate de chaux dans ces solutions diluées ont montré que sa solubilité y était notablement moindre que dans l'eau douce, ce qui explique de suite le ralentissement de la prise.

Temps	Eau distillée		$CaCl^2$ 30 gr. par litre	
	Chaux	Alumine	Chaux	Alumine
10'	0,65	0,85	0,15	0,09
24 heures	0,32	0,30	0,21	0,46
1 mois	0,37	0,24	0,06	0,08
5 —	0,33	0,24	0,03	0,06

Cet effet est plus marqué encore avec les ciments. Voici, par exemple, des résultats relatifs à l'action des mêmes solutions sur un ciment à prise rapide de Grenoble:

Temps	Eau distillée		$CaCl^2$ 30 gr. par litre	
	Chaux	Alumine	Chaux	Alumine
5'	0,30	0,13	0,30	0
24 heures	0,30	0,15	0,07	0
10 jours	0,14	0	0,03	0
45 —	0,08	0	0,0015	0

Cette action des solutions de chlorure de calcium explique le ralentissement de la prise obtenue quand on gâche des ciments Portland avec l'eau de mer. Voici également quelques résultats donnés à ce sujet par M. Candlot pour différents ciments :

Ciment	Eau douce	Eau de mer
1	40'	4ʰ 50'
2	23'	1ʰ 40'
3	13'	20'
4	5'	12'
5	20'	5ʰ 40'
6	20'	1ʰ 10'
7	3ʰ,10	5ʰ 35'

Mais cette différence entre la rapidité de prise avec la nature du liquide employé pour le gâchage se modifie à mesure que le ciment est plus éventé ; les durées de prise tendent à se rapprocher, pour devenir égales quand le ciment est complètement éventé. L'action de la solution de chlorure de calcium étendu est en effet nulle sur l'aluminate hydraté, et dans l'éventement, les aluminates de chaux du ciment s'hydratent les premiers.

Action du sulfate de chaux sur les ciments. — L'influence du sulfate de chaux sur les conditions de durcissement et de décomposition des ciments a été particulièrement étudiée par M. Candlot et rattachée par lui à l'existence d'un sulfo-aluminate de chaux auquel les expériences ultérieures de M. Deval attribuent la composition :

$$Al^2O^33CaO,3 (CaOSO^3) 30H^2O.$$

Le sulfate de chaux retarde la prise des ciments ; c'est un usage très général de ralentir la prise des ciments Portland par une addition de 1 à 2 p. 100 de gypse. On remarquera que la quantité de sulfate de chaux nécessaire pour produire le ralentissement de la prise est notablement plus considérable que celle de chlorure de calcium. Quand on gâche un ciment avec 25 p. 100 d'une solution à 2 p. 100 de chlorure de calcium, on n'introduit que 1/2 p. 100 de chlorure de calcium dans le ciment, et cette proportion suffit pour amener un ralentissement très notable.

Voici quelques-uns des résultats obtenus au sujet de l'influence de ces additions de sulfate de chaux sur la rapidité de prise. Ces tableaux et tous les suivants sont empruntés aux publications de M. Candlot.

Quantité de gypse 0/0	Ciment n° 1	Ciment n° 2	Ciment n° 3
0	22'	15'	5'
0,5	2ʰ 43	17'	5'
1	4ʰ 50	5 heures	2ʰ 55
2	5ʰ 20	6ʰ 45	7 heures
4	7 heures	7 heures	7 heures

La quantité de sulfate de chaux nécessaire pour obtenir un ralentissement donné de la prise varie avec la nature des ciments : avec les ciments très cuits à indice élevé, il faut ajouter une grande quantité de sulfate; pour les ciments à indice faible et imparfaitement cuits, il en faut moins; mais un fait très remarquable est que, si l'on ajoute à un ciment du sulfate de chaux et que l'on observe la durée de prise après un temps de conservation plus ou moins considérable, on trouve que le ralentissement de la prise obtenue au début disparaît peu à peu, et le ciment reprend sa vitesse initiale de prise, puis, par un éventement plus prolongé, le ralentissement de la prise se produit de nouveau comme cela arrive en l'absence de sulfate de chaux. Voici, par exemple, les résultats relatifs à un ciment semblable additionné de 3 p. 100 de gypse, conservé à l'air libre.

Durée de conservation	Durée de prise
0	7 heures
4 jours	2ʰ 15
7 —	20'
32 —	30'
41 —	5ʰ 30

Quand le ciment est conservé à l'abri de l'air dans un flacon bien fermé, le ralentissement de la prise se maintient plus longtemps, mais cependant pas d'une façon indéfinie. Un ciment à 2 p. 100 de gypse, qui faisait prise en 6ʰ 25 au début, faisait prise, après cinq mois de conservation en bocal fermé, en dix-huit minutes. Les ciments additionnés ainsi de sulfate de chaux ont à l'eau douce et à l'eau de mer des prises sensiblement identiques.

L'addition de sulfate de chaux agit également sur la résistance du ciment; généralement il augmente la résistance du ciment Portland, tant que la quantité ajoutée n'est pas considérable ; mais toute addition trop forte produit une désagrégation ultérieure ; la proportion maxima de sulfate de chaux que l'on peut ajouter sans produire cet inconvénient est beaucoup plus faible à l'eau de mer qu'à l'eau douce. Voici des expériences, toujours dues à M. Candlot, faites avec un ciment additionné de quantités variables de sulfate de chaux et conservé à l'eau de mer et à l'eau douce.

| | 0 0/0 DE SULFATE | | | | 2 0/0 DE SULFATE | | | | 4 0/0 DE SULFATE | | | |
| | Eau douce | | Eau de mer | | Eau douce | | Eau de mer | | Eau douce | | Eau de mer | |
	Frais	Éventé	Frais	Éventé	Frais	Éventé	Frais	Éventé	Frais	Éventé	Frais	Éventé
Ciment pur												
7 jours	34,2	28	39,2	35,6	37,5	21	43	25,2	18,6	11,6	25,9	12,6
28 jours	47,4	47	51,6	48,5	47,5	37,5	58,7	48,9	34	22,9	26,2	16,5
3 mois...........	51,7	52,2	54,5	63,1	59,0	53,5	65,9	50,9	65	50,9	25,6	37,7
6 mois...........	50,9	55,2	51,5	49,2	57,0	49,2	59	50,2	72	58,6	Détruit	43,4
Mortier 1/3 battu												
7 jours	15,7	14,1	14,9	15,2	18,5	15,7	16,2	13	8,9	5,1	9,9	5,5
28 jours	23,4	23,7	18	22,1	26,5	21,5	20,2	18	20,5	17,2	Détruit	12,1
3 mois...........	30	29,7	21,6	27	32,7	28,2	24,2	20,9	31,0	28,5	id.	19,5
6 mois...........	32,7	31,9	23,1	27,5	35,7	34,2	28	24,7	36,1	37,3	id.	22,4

——— Fentes commençantes   ═══ Fentes accentuées

Les ciments additionnés de sulfate de chaux et partiellement éventés, par exemple conservés en sacs pendant un certain temps, présentent généralement des résistances plus faibles, au moins au début du durcissement et surtout pour les mortiers de pâte pure. Par contre, la décomposition dans l'eau de mer est relativement moins rapide. Le tableau de la page précédente donne dans la colonne intitulée : *Éventé*, les résultats obtenus avec des ciments conservés en sacs pendant deux mois.

Les résultats obtenus par l'addition du sulfate de chaux sont en relation avec la solubilité de ce sel et avec sa tendance à former du sulfoaluminate de chaux. Quand on agite du ciment renfermant du sulfate de chaux soit dans la pâte cuite, soit par addition au broyage, on constate que le liquide clair décanté renferme au début du sulfate de chaux ; mais la teneur en sulfate de chaux du liquide va progressivement en décroissant et finit même par s'annuler complètement lorsque le ciment renferme une proportion suffisante d'alumine. La chaux dissoute va, au contraire, en croissant. Les résultats sont notablement différents, suivant qu'il s'agit de sulfate de chaux préexistant dans le ciment cuit ou de sulfate de chaux additionné au broyage ; ce dernier disparaît bien moins rapidement de la dissolution.

Voici quelques résultats d'expériences, obtenus en mettant en suspension 200 grammes de ciment dans 200 centimètres cubes d'eau distillée ; les expériences ont été faites sur des ciments renfermant *naturellement* de 1 à 2 p. 100 de sulfate de chaux ; les ciments peu cuits ont donné une dissolution beaucoup plus abondante de sulfate de chaux. On remarquera que la disparition du sulfate de chaux de la dissolution correspond à peu près au temps d'achèvement de la prise.

QUALITÉ DES CIMENTS	TEMPS ÉCOULÉ	MATIÈRE DISSOUTE DANS 1 LITRE	
		Chaux	Sulfate de chaux
Durée de prise			
4 heures	5'	2gr,43	4gr,18
	3 heures	3 ,65	1 ,28
	6 heures	3 ,49	0
10 heures	5'	1 ,70	2 ,43
	10 heures	2 ,48	0
Éventé			
6 heures	5'	2 ,08	11 ,6
	3 heures	3 ,78	6
	12 heures	6 ,10	traces

Voici maintenant des résultats analogues relatifs à des ciments à prise rapide, qui sont beaucoup plus chargés en sulfate de chaux, la teneur étant de 7,5 p. 100 :

CIMENTS NATURELS A PRISE LENTE 7,5 p. 100 de sulfate	TEMPS ÉCOULÉ	MATIÈRE DISSOUTE DANS 1 LITRE	
		Chaux	Sulfate de chaux
	5'	1,82	20,74
	6 heures	8,5	0,0
	24 heures	6,2	0,0

CIMENT DE GRAPPIER 1 p. 100 de sulfate	TEMPS ÉCOULÉ	MATIÈRE DISSOUTE DANS 1 LITRE	
		Chaux	Sulfate de chaux
	5'	0,91	0,58
	6 heures	1,52	0

Lorsque le sulfate est, au contraire, ajouté après cuisson, on constate que ce sel reste en dissolution assez longtemps après la prise et même n'arrive pas à disparaître complètement dans le cas de ciments très peu chargés en alumine.

Voici les résultats obtenus sur un ciment additionné de

2 p. 100 de gypse, dont la durée de prise était de huit heures :

	TEMPS ÉCOULÉ	MATIÈRE DISSOUTE DANS 1 LITRE	
		Chaux	Sulfate de chaux
Ciment n° 1	5'	2,0	3,0
	3 heures	2,3	2,1
	18 heures	2,6	1,3
	24 heures	2,9	0
Ciment n° 2	5'	2,1	6
	6 heures	3,0	4,9
	24 heures	2,7	3

En ajoutant au ciment 10 p. 100 de sulfate de chaux, ce sel arrive encore à disparaître de la dissolution, pourvu que la proportion d'alumine soit suffisante ; mais le temps nécessaire à sa disparition est beaucoup plus prolongé :

CIMENT PORTLAND 7 p. 100 d'alumine	TEMPS ÉCOULÉ	MATIÈRE DISSOUTE DANS 1 LITRE	
		Chaux	Sulfate de chaux
	24 heures	1,0	1,8
	10 jours	1,5	0,03
	24 jours	1,4	0

CIMENT DE VASSY 9 p. 100 d'alumine	TEMPS ÉCOULÉ	MATIÈRE DISSOUTE DANS 1 LITRE	
		Chaux	Sulfate de chaux
	10'	1,39	1,56
	24 heures	1,39	1,15
	23 jours	1,36	0

CIMENT DE LAITIER 15 p. 100 d'alumine	TEMPS ÉCOULÉ	MATIÈRE DISSOUTE DANS 1 LITRE	
		Chaux	Sulfate de chaux
	24 heures	1,06	2,5
	48 heures	0,9	0,58
	10 jours	1,1	0

CIMENT DE GRAPPIER 1,5 p. 100 d'alumine	TEMPS ÉCOULÉ	MATIÈRE DISSOUTE DANS 1 LITRE	
		Chaux	Sulfate de chaux
	12 heures	1,24	1,56
	5 jours	1,24	1,73
	30 jours	1,33	1,58

De même, lorsque l'on gâche le ciment avec de l'eau deu er, l'acide sulfurique dans les mêmes conditions disparaît complètement au bout d'un temps plus ou moins long. L'eau de mer employée renfermait $1^{gr},04$ d'acide sulfurique par litre.

CIMENT PORTLAND	TEMPS ÉCOULÉ	MATIÈRE DISSOUTE DANS 1 LITRE	
		Chaux	Sulfate de chaux
Durée de prise	5'	1,56	4,9
6 heures............	6 heures	1,82	3,14
	24 heures	2,20	0

En répétant ces expériences avec de l'aluminate de chaux, les résultats ont encore été semblables : ainsi un mélange de 40 parties de sulfate de chaux et 60 parties d'aluminate de chaux

$$Al^2O^3 1,5CaO,$$

agitées avec de l'eau distillée, a donné les résultats suivants :

Temps écoulé	Chaux	Alumine	Sulfate de chaux
10'	traces	traces	1,63
3 heures	0,15	0,6	1,5
6 —	0,15	0,7	1,5
24 —	0,15	0,75	0
1'	0,3	0,3	0

En faisant le mélange du même aluminate de chaux avec de la chaux hydratée et du sulfate de chaux, on obtient de même la disparition de l'acide sulfurique au bout d'un temps plus ou moins prolongé ; mais, dans ce cas, il ne se dissout pas du tout d'alumine dans la liqueur.

L'accélération de la prise qui se produit dans un ciment additionné de sulfate de chaux et ensuite éventé semble tenir à la carbonatation d'une partie de la chaux de l'aluminate ; aussi, en ajoutant de la chaux éteinte à un ciment semblable, on ralentit de nouveau considérablement sa prise. Voici des résultats d'expériences semblables faites par M. Candlot, avec du ciment renfermant 1 p. 100 de gypse et éventé, jusqu'à ce que sa prise soit redevenue suffisamment rapide :

	Durée de prise
Ciment avec 1 p. 100 de gypse........	20'
Même ciment plus 2 p. 100 de chaux..	8 heures
Ciment avec 1 p. 100 de plâtre........	35'
Même ciment plus 1 p. 100 de chaux...	8 heures

En suivant sur ces échantillons de ciment la dissolution du sulfate de chaux et de l'alumine, on trouve que le ciment additionné de plâtre et éventé avait laissé dissoudre de l'alumine dans le premier temps de l'action de l'eau, mais pas du tout de sulfate de chaux ; le même ciment additionné d'hydrate de chaux laisse, au contraire, dissoudre une quantité importante de sulfate de chaux et pas du tout d'alumine.

D'après l'ensemble de ces faits, il était permis de penser que la quantité d'acide sulfurique fixée sur un ciment et rendue soluble devrait être dans un rapport fixe avec la proportion d'alumine, ou tout au moins avec celle de l'aluminate de chaux. Des expériences faites par M. Deval ont donné un résultat un peu différent de celui que l'on pouvait attendre : la proportion d'acide sulfurique insoluble, au lieu d'être inférieure à celle qui correspond à l'alumine totale, ce qui devrait arriver, car une partie de l'alumine des ciments semble être engagée dans des silico-aluminates inaltérables à l'eau, s'est trouvée généralement supérieure et même semble aller en croissant d'une façon en quelque sorte indéfinie avec la prolongation des expériences.

Voici quelques-uns des résultats obtenus par M. Deval.

Une première série d'expériences a porté sur deux ciments préparés au laboratoire de l'École des Mines :

$$(1) \qquad 10SiO^2.Al^2O^3.32CaO \ ;$$
$$(2) \qquad 2SiO^2.Al^2O^3. \ 7CaO.$$

L'alumine du premier aurait dû fixer un poids de sulfate de chaux de $0^{gr},175$ pour 1 gramme de ciment, et le second $0^{gr},40$. Voici les quantités qui ont en réalité été fixées :

	(1)	(2)
après 16 jours....	0,187	0,334
— 2 mois....	0,226	0,545
— 7 mois....	0,315	

On a vérifié, par un contact prolongé avec l'eau, que le sulfate de chaux ainsi fixé était bien réellement insoluble dans l'eau. La masse mise en suspension dans 1 litre d'eau et fréquemment agitée n'a laissé dissoudre que des quantités inappréciables d'acide sulfurique :

après 6 jours....	$0^{gr},0062$ de SO^3 par litre
— 2 mois....	0 ,0064 —
— 4 mois.....	0 ,0065 —

Des expériences semblables faites avec un ciment au fer présentant la composition :

$$5SiO^2Fe^2O^3.17CaO,$$

ont conduit à une fixation du sulfate de chaux très faible :

$$après\ 1\ mois\ldots\ldots\quad 0^{gr},027$$
$$—\ 3\ mois\ldots\ldots\quad 0\ ,027$$

La plupart des ciments Portlands fixent ainsi une quantité de sulfate de chaux bien supérieure à celle qui correspond à leur teneur en alumine et semblant croître avec le temps d'une façon indéfinie.

Quelques ciments d'une composition spéciale, et dont la résistance à la décomposition par l'eau de mer avait été particulièrement remarquable, ont donné lieu à une fixation moindre d'acide sulfurique :

1° *Ciment Portland additionné de son poids de gaize grillée.* Il n'a fixé après quatre mois que $0^{gr},056$ de sulfate de chaux au lieu de $0^{gr},119$ d'après sa teneur en alumine;

2° *Ciment à indice très élevé, renfermant* 50 p. 100 *de poussière lourde.* La fixation de sulfate de chaux après quatre mois a été de $0^{gr},131$ au lieu de $0^{gr},205$.

3° *Ciment anglais à grosse mouture :* a fixé $0^{gr},165$ au lieu de $0^{gr},204$.

Mais, dans aucun cas, la limite de fixation du sulfate de chaux n'avait été atteinte, et il est certain qu'à la longue la limite théorique eût encore été atteinte et dépassée.

Ces résultats sont difficilement explicables avec les données scientifiques réunies aujourd'hui sur les combinaisons du sulfate de chaux. On pouvait supposer qu'il se formait des combinaisons de sulfate de chaux avec d'autres corps que l'aluminate de chaux : le carbonate de chaux, les ferrites de chaux, les silicates de chaux; les expériences de M. Deval faites dans cette direction ont conduit à des résultats négatifs. On pouvait encore supposer que le sulfate de chaux hydraté se déshydratait pour donner un corps analogue à l'anhydrite et insoluble;

mais les expériences que j'ai faites sur l'anhydrite ont
montré que ce corps avait une solubilité sensiblement
égale à celle du gypse, que la saturation seule était plus
longue à se produire. Une dernière hypothèse est que le
silicate de chaux des ciments extrêmement divisés se
comporte à la façon des corps poreux et retient super-
ficiellement les sels dissous dans la liqueur, le sulfate de
chaux en particulier, comme le ferait de la poussière de
charbon de bois; mais ce sont là seulement des hypothèses,
qui demanderaient à être soumises à un contrôle expéri-
mental.

Il a semblé nécessaire d'entrer dans des détails un peu
longs au sujet de l'action du sulfate de chaux sur les
ciments, car c'est à ce corps et à ce corps *seul* que doivent
être rapportées toutes les difficultés que présente l'emploi des ciments à la mer.

DEUXIÈME PARTIE.

ACTIONS MÉCANIQUES DUES AUX PHÉNOMÈNES CHIMIQUES.

Si des réactions chimiques sont la cause première du
durcissement des ciments, il ne s'ensuit pas que toutes
les réactions, dont ces produits peuvent être le siège,
aient nécessairement le même effet. Il est au contraire
des cas où les réactions chimiques amènent la désagrégation des mortiers ; elles peuvent le faire par deux pro-
cédés tout à faits différents et très inégalement dange-
reux : ou bien elles amènent simplement un ramollissement
de la masse par suite de la formation de composés de
consistance gélatineuse, comme le sont les précipités de
magnésie, d'alumine, que l'on obtient en précipitant ces
corps dans des solutions étendues ; le mortier alors perd
sa dureté sans changer extérieurement d'apparence et

cède facilement aux actions mécaniques extérieures qui l'attaquent, en particulier à l'action du choc des vagues. Ou bien elles sont accompagnées de gonflement, fissuration, jusqu'à une dislocation complète : ainsi, lorsque la chaux s'éteint, son hydratation, qui est un phénomène essentiellement chimique, amène un gonflement, un fendillement de toute la masse. De petites quantités de chaux renfermées dans un mortier développent des forces suffisantes pour amener parfois une désagrégation plus ou moins complète, mais qui, dans certains cas, pourra ne se traduire que par des fentes très fines, à peine visibles, et même quelquefois, par un mécanisme que nous étudierons plus loin, amènera seulement un gonflement de l'ensemble du mortier sans aucune fente apparente. L'hydratation de la chaux n'est pas le seul phénomène chimique capable de produire des fentes et des gonflements semblables : l'action des sulfates sur les mortiers produit d'une façon beaucoup plus lente ces mêmes phénomènes de désagrégation.

GONFLEMENTS DUS A LA FORMATION DU SULFO-ALUMINATE DE CHAUX.

En introduisant des quantités importantes de sulfate de chaux dans les ciments, on peut amener leur désagrégation plus ou moins rapide et cette désagrégation est généralement plus rapide, lorsque la conservation a lieu à l'eau de mer que lorsqu'elle a lieu à l'eau douce. La proportion de sulfate de chaux que peut supporter un ciment sans se désagréger dépend de sa nature : les ciments pauvres en alumine, quoique renfermant de la chaux libre, comme les ciments de grappier ou les ciments à prise prompte renfermant beaucoup d'alumine, mais peu de chaux, peuvent supporter des additions assez importantes de sulfate, jusqu'à 10 p. 100, sans présenter d'altération notable. Parmi les chaux, les plus alumineuses ne peuvent pas supporter sans se désagréger plus de 1 p. 100 de sulfate, tandis que les moins alumineuses peuvent supporter 5 p. 100.

Voici un tableau montrant les résultats obtenus par M. Candlot en ajoutant à des ciments des proportions variables de sulfate de chaux et confectionnant des galettes immergées ensuite dans l'eau de mer ou dans l'eau douce :

NATURE DES CIMENTS	PROPORTION de sulfate de chaux	EAU DE MER	EAU DOUCE
	p. 100		
Ciments Portland à 5 p. 100 d'alumine..	2	intact	intact
	3	fissures	intact
	5	détruit	fissures
Ciments de Vassy à 9 p. 100 d'alumine..	5	intact	intact
	7	décomposé	décomposé
Ciments de grappier à 1 p. 100 d'alumine.	10	intact	intact
Chaux du Teil à 1 p. 100 d'alumine....	5	intact	intact
	7	décomposé	décomposé
Chaux hydraulique à 3 p. 100 d'alumine.	2	fissures	décomposé
Mélange à 80 p. 100 de ciment de grappier 20 p. 100 ciment prompt........	3	décomposé	décomposé

La durée de ces expériences a été d'une année.

L'ensemble de tous ces faits montre bien la relation intime qui existe entre l'action du sulfate de chaux et la présence de l'alumine, cette action étant d'autant plus marquée que l'alumine se trouve en présence d'un plus grand excès de chaux. Cela suffit pour établir le rôle capital que doit jouer la formation du sulfo-aluminate de chaux dans la décomposition des ciments à la mer.

J'ai fait des expériences semblables en ajoutant à différents ciments et chaux des poids de 5 p. 100 et 20 p. 100 de sulfate de chaux précipité, puis conservant les briquettes soit sous l'eau pure fréquemment renouvelée, soit dans une solution saturée de sulfate de chaux non renouvelée. L'altération a été moindre en général dans l'eau pure, comme on pouvait le prévoir, puisque la dissolution du sulfate de chaux le fait peu à peu disparaître des briquettes, et celles dont l'altération n'a pas été trop rapide ont pu être ainsi protégées.

Le tableau suivant résume les résultats obtenus après un an de conservation dans la solution saturée de sulfate de chaux. Une croix indique la disparition complète de la briquette tombée en bouillie ; les numéros 0 à 5 indiquent l'état de conservation relatif, le chiffre 0 correspondant à l'absence de toute trace d'altération, c'est-à-dire ni fente, ni arrondissement des arêtes.

Les briquettes avaient la forme de cylindres de 2 centimètres de hauteur et 2 centimètres de diamètre.

	NATURE DES LIANTS HYDRAULIQUES	ADDITIONS DE SULFATE de chaux	
		5 p. 100	10 p. 100
	Chaux hydrauliques :		
29-30	Mussy-sur-Aube	0	0
27-28	Aubigny	X	X
13-14	Le Teil. — Chaux ordinaire non triturée	0	0
11-12	— — triturée	0	0
15-16	— Ciment de grappier	0	0
17-18	— Ciment artificiel	0	0
	Ciment de laitier :		
37-38	Vitry-le-François	2	5
	Ciment à prise rapide :		
25-26	Désiré Michel	X	X
23-24	Ciment artificiel de M. Candlot	0	0
1-2	Vassy. — Différents bancs	4	X
3-4	— —	0	X
5-6	— —	2	X
7-8	— —	3	X
9-10	— — Mélange de tous les bancs surcuits	X	X
	Ciments artificiels Portland :		
19-20	Boulogne-sur-Mer	2	X
21-22	Mantes	X	X
31-32	Valdonne. — Bien cuit	X	X
33-34	— Roche brune peu cuite	X	X
35-36	— Roche jaune surcuite	X	X

Les gonflements observés dans les expériences rapportées ci-dessus sont la résultante de deux phénomènes contraires :

L'expansion du sulfo-aluminate de chaux ;

Le durcissement résultant de l'hydratation du liant.

Les phénomènes devaient être bien plus accentués encore, si l'on arrivait à supprimer la cause antagoniste s'opposant au gonflement. Il suffit pour cela de faire un mélange de sulfate de chaux avec de la poudre de ciment déjà complètement hydratée et de produire par simple compression une légère agglomération du mélange humide. On arrive alors à obtenir des gonflements énormes.

Pour obtenir l'hydratation complète du ciment, il est au préalable pulvérisé dans un broyeur à billes de porcelaine de façon à lui faire traverser en totalité le tamis de 4.900 mailles au centimètre carré, puis il est gâché avec un grand excès d'eau, au moins 50 p. 100 de son poids, et conservé pendant plusieurs mois sous l'eau à l'abri de l'acide carbonique de l'air, ou mieux chauffé ainsi à 100° pendant un mois.

Le ciment hydraté, encore humide, est broyé et additionné de moitié de son poids de sulfate de chaux, ce qui correspond à poids égaux de sulfate de chaux et de ciment sec. La pâte demi-sèche ainsi obtenue est comprimée dans un moule en métal sous une pression suffisante pour l'agglomérer, qui peut varier de 10 à 100 kilogrammes par centimètre carré. Les briquettes obtenues sont assez consistantes pour être maniées dans les mains. Elles sont alors posées sur une bande de papier-filtre plongeant 10 centimètres plus bas dans l'eau pure, le tout étant enfermé dans un vase clos à l'abri de l'évaporation. On mesure de jour en jour la dilatation des baguettes sans les déplacer de leur support, car elles deviennent de plus en plus fragiles au fur et à mesure, de leur gonflement, qui finit par être énorme, puisqu'elles arrivent à doubler de volume. La figure ci-contre donne la reproduction photographique des résultats obtenus avec des ciments préparés au laboratoire, dans lesquels l'alumine a été rem-

placée par des quantités équivalentes d'autres sesquioxydes
de la même famille.

1.	$5SiO^2,Al^2O^3,17CaO$		4.	$5SiO^2,Fe^2O^3,17CaO$
2.	$5SiO^2,Co^2O^3,17CaO$		5.	$5SiO^2,Cr^2O^3,17CaO$
3.	$5SiO^2,Mn^2O^3,17CaO$			

Le mode de décomposition le plus grave des mortiers
à la mer est celui qui se présente avec des gonflements
et des fentes, et pas seulement avec un simple ramollissement de la matière. Ces fentes, en effet, en permettant
la pénétration de l'eau de mer dans les parties les plus
profondes du mortier, font avancer très rapidement sa
destruction. Le mortier, qui s'est ramolli seulement, se
conserverait presque indéfiniment s'il n'était exposé au
choc des vagues, parce que la décomposition finirait par
s'arrêter d'elle-même en raison de la pénétration de plus

en plus lente des sels solubles dans le mortier resté compact.

Pour étudier le mécanisme de la production de ces fentes au sein d'une masse très dure et en même temps fragile, il y a deux points distincts à examiner :

1° Le développement des forces ;

2° Le mécanisme de la déformation.

Ce phénomène complexe présente ces deux particularités très intéressantes que les forces mises en jeu sont souvent très faibles, infiniment petites même, par rapport à celles qui seraient nécessaires pour provoquer la rupture immédiate du mortier, et ne font sentir leur effet qu'en raison du temps très long pendant lequel elles agissent. En outre, cette rupture, produite par un effort longtemps continué, ne provoque pas une cassure véritable, une séparation complète des fragments, mais des déformations avec des fentes limitées en profondeur, comme il peut s'en produire dans les corps véritablement plastiques.

Cette déformation lente de corps, absolument cassants sous l'action d'un effort brusque, peut être rapprochée des déformations des roches de l'écorce terrestre, bancs de calcaires, masses de schiste, qui se sont, pendant le soulèvement des montagnes, pliées comme le feraient de simples feuilles de papier, tandis que, sous le choc du marteau, ces roches se brisent et sautent en éclats sans présenter aucune apparence de déformation.

DÉVELOPPEMENT DES FORCES DE DÉSAGRÉGATION.

L'origine de ces forces se trouve dans les phénomènes chimiques d'hydratation de la chaux, de réaction du sulfate de chaux sur les aluminates, et peut-être encore d'autres phénomènes chimiques moins connus aujourd'hui.

La première explication, qui se présente pour rattacher les forces produites aux réactions chimiques, est de supposer que ces réactions sont accompagnées)d'un changement de volume : par exemple, l'eau et la chaux pourraient, en se combinant, donner de l'hydrate de chaux dont le volume serait supérieur à la somme des volumes de ces deux constituants. Une semblable augmentation de volume produite dans les pores du mortier donnera nécessairement naissance à des forces expansives considérables ; le phé.omène de la désagrégation serait alors semblable à celui qui se produit dans les pierres gélives sous l'action de la congélation de l'eau, ou encore sous l'action de la cristallisation des solutions saturées de sulfate de soude. Dans ces deux cas, en effet, la formation du corps solide, la glace ou le sulfate de soude hydraté, est accompagnée d'une augmentation de volume.

Il est facile de soumettre cette hypothèse au contrôle de l'expérience et de mesurer les changements de volume accompagnant les réactions chimiques en question ; il suffit de placer les matières dans une sorte de grand thermomètre, rempli jusqu'à mi-hauteur de la tige ; les variations de niveau du liquide dans cette tige donneront la mesure du changement de volume, et permettront de le suivre au fur et à mesure l'avancement de la réaction. Les résultats ont été contraires à cette supposition : toutes les réactions chimiques étudiées, l'hydratation des ciments pendant leur prise, l'hydratation de la chaux pendant son extinction, les combinaisons du sulfate et de l'aluminate de chaux en présence de l'eau, ont été accompagnées d'une contraction.

Pour faire ces mesures, j'ai employé de grands thermomètres en verre, dont le réservoir avait une capacité de 70 centimètres cubes et la tige, un diamètre intérieur de 4 millimètres, soit $0^{cm^3},125$ de capacité par centimètre de longueur. On introduisait rapidement dans l'appareil une bouillie claire composée de 50 grammes d'eau et d'un poids de liant hydraulique variant de 10 à 50 grammes. Le poids le plus fort a été employé pour les ciments Portland, moitié pour les chaux hydrauliques et mortiers pouzzolaniques, qui demandaient une grande quantité d'eau pour se délayer convenablement. On introduisait cette pâte en faisant le vide dans le thermomètre, et on renouvelait le vide après introduction pour enlever les bulles d'air, dont la présence dans la masse pouvait être une cause d'erreur importante. Cet air, en se dissolvant à la longue dans l'eau, donnerait une contraction trop forte. On achevait alors de remplir avec de l'eau pure l'appareil jusqu'à mi-hauteur de la tige, et on fermait la partie supérieure de celle-ci à la lampe pour éviter toute évaporation ultérieure.

Il ne restait plus qu'à mesurer de temps en temps la dénivellation progressive de la colonne liquide.

	6 HEURES	1 JOUR	7 JOURS	1 MOIS	3 MOIS	18 MOIS	6 ANS
Ciment Portland de Boulogne (ancienne fabrication)...........	0,4	0,7	2	2,9	+		
Ciment Portland de Boulogne (roches grises, nouvelle fabrication)...	0,6	1,0	2,7	4,1	4,6	+	
Ciment naturel de Grenoble (prise lente).......................	1,2	1,8	3,8	3,9	+		
Ciment naturel de Grenoble (prise rapide)	1,2	1,8			2,4	3,6	+
Chaux siliceuse de Saint-Astier....	0,0	0,3	1,2	1,8	2,2	2,6	3,0
Ciment de grappier siliceux du Teil..	0,0	0,2	0,6	1,5	1,9	2,6	3
Ciment naturel siliceux de Ruoms (essais de fabrication abandonnés)	0,2	0,9	2,8	3,6	4,5	4,5	4,7
Plâtre aluné de Lagny						3,6	
Chaux de l'azotate...............						6,2	
Dolomie surcuite................						7	
1 partie silice calcinée + ...		0,3	2,5	3,1	3,9	+	
— chaux éteinte..........							
— kaolin déshydraté + ...			0,5	2,9	3,8		
— chaux éteinte............							
— argile déshydratée + ...			0,3	0,7	1,1		
2 parties chaux grasse...........							

Le tableau ci-dessus donne les résultats d'une série d'expériences mises en train en 1894. Les contractions sont exprimées en centimètres cubes et rapportées à

100 grammes de matière. Une croix indique la rupture du tube amenée par le gonflement apparent de la pâte solidifiée.

On voit donc que, pour la plupart des liants hydrauliques, la contraction finale après l'achèvement du durcissement est comprise entre 4 et 5 centimètres cubes par 100 grammes de liant.

Ces expériences montrent encore que le temps après lequel le durcissement des différents liants a achevé son évolution est très variable. Tandis que le ciment naturel lent de Grenoble paraît, au bout de sept jours, avoir achevé son hydratation, le ciment rapide ne l'aurait pas encore achevée au bout de dix-huit mois.

Les contractions observées avec le plâtre, la chaux, la magnésie pourront sembler absolument contradictoires avec les idées généralement admises. Il est facile de prouver, par une méthode entièrement distincte, que les contractions observées sont plus faibles même qu'elles n'auraient dû l'être en réalité, si la totalité de la matière s'était bien hydratée. Il suffit de comparer les densités des mêmes corps anhydres et hydratés.

Magnésie	Anhydre	Hydratée
Densité	3,65	2,32
Poids moléculaire	$40^{gr},0$	$58^{gr},0$
Equation de la réaction	$MgO + H^2O = MgO,H^2O$	
Equation du volume	$10,96 + 18 - 24,7 = 4^{cm3},26$	

La contraction est donc de $4^{cm3},26$ pour 40 grammes de magnésie, c'est-à-dire de $10^{cm3},6$ pour 100 grammes, au lieu de $6^{cm3},7$ observés ; l'hydratation avait commencé pendant le remplissage.

Sulfate de chaux	Anhydre	Hydraté
Densité	2,95	2,33
Poids moléculaire	$136^{gr},0$	$172^{gr},0$
Volume moléculaire	$46^{cc},0$	$73^{cc},4$
Equation de la réaction	$CaO.SO^3 + 2H^2O = CaO,SO^3.2H^2O$	
Equation du volume	$46 + 36 - 73,4 = 8^{cc},6$	

ce qui donne, pour 100 grammes de sulfate de chaux, une contraction de $6^{cm3},2$, soit près du double de celle qui a été observée ; une partie importante du plâtre aluné échappe en effet à l'hydratation quand il a été fortement calciné.

Des expériences analogues, faites sur une pâte composée d'un mélange de ciment déjà hydraté, puis broyé, avec du sulfate de chaux, ont encore donné une contraction ; mais, dans ce cas, le changement de volume a été plus faible et difficilement mesurable.

Un autre effet bien connu suffirait à lui seul à démontrer l'existence de cette contraction : pendant la prise des ciments, on remarque, au moment où le durcissement se fait avec une certaine rapidité, que la pâte primitivement humide paraît se dessécher complètement, l'eau semble réabsorbée vers l'intérieur en pénétrant dans tous les pores du mortier ; cette absorption d'eau vers l'intérieur résulte de la contraction qui accompagne la réaction chimique.

Le gonflement qui se produit parfois dans les mortiers existe donc seulement pour le volume apparent et non pour le volume absolu des matières, c'est-à-dire que, tandis que le volume total de la partie solide diminue, les vides existant entre ces parties solides augmentent, et augmentent plus rapidement, de telle sorte que la masse dans son ensemble éprouve un accroissement. Dans le durcissement ordinaire des ciments, le gonflement apparent est toujours très faible et se manifeste surtout vers la fin du durcissement, quand la majeure partie de l'eau est entrée en combinaison. Une pâte pure arrive au bout d'un certain nombre de mois à se dessécher à l'intérieur d'une façon à peu près complète, par suite de la combinaison de l'eau ; à ce moment, si elle est renfermée dans un vase en verre, on observe presque infailliblement la rupture de cette enveloppe. Le gonflement apparent cepen-

dant n'est pas très important; il est en moyenne, pour
les ciments Portland, de 1/1000 sur les dimensions
linéaires.

Pour chercher l'origine des forces développées dans
ces conditions, on peut examiner ce qui se passe dans les
réactions des corps gazeux sur des corps solides, lesquelles donnent très souvent lieu à des gonflements assez importants ; par exemple, une masse de limaille de
fer abandonnée à l'air gonfle considérablement en se
rouillant; le ciment, le plâtre, renfermés dans des sacs
exposés à la vapeur d'eau de l'air humide, gonflent et font
craquer les sacs. Ce fait s'observe encore avec de la
poudre de sulfate de soude anhydre et fondue que l'on
enferme dans un tube en papier filtre exposé à l'air humide; au bout de peu de temps, on voit ce tube en papier
craquer de toutes parts. Ce phénomène de gonflement,
très rare dans les réactions où interviennent des liquides,
est, au contraire, fréquent, presque la règle, avec les
corps gazeux.

L'expérience suivante permet d'analyser, dans une
certaine mesure, le mécanisme de ce gonflement; d'an-
ciennes expériences de M. Margottet sur la cristallisation du sulfure de cuivre ont donné lieu aux observations
suivantes : des lames de cuivre minces, chauffées vers
400° dans un tube de verre, sont exposées à l'action d'un
courant très lent de vapeurs de soufre diluées dans l'azote ;
il se forme à la surface des lames de cuivre des aiguilles
cristallisées de sulfure qui se développent peu à peu ; à un
moment donné, le cristal déjà formé s'écarte de la lame
de cuivre et une nouvelle assise de sulfure de cuivre
vient se former entre lui et la plaque métallique. Ces
cristaux se développent par la base en soulevant constamment la partie déjà formée. Une fois leur développement suffisant, ces aiguilles viennent toucher les
lames de cuivre voisines et, à partir de ce moment, les

repoussent au fur et à mesure de leur développement ultérieur. Bien entendu, entre ces aiguilles espacées il y a des gaz; il y a bien là un phénomène de gonflement, puisque l'ensemble des feuilles de cuivre augmente de volume apparent; mais, en même temps, le volume des vides augmente aussi entre les lames de métal, qui s'éloignent l'une de l'autre.

Il y a donc une force développée au contact entre le cristal de sulfure de cuivre et le cuivre métallique; ce sont sans doute des forces d'origine capillaire. Pour le moment, on ne peut pas songer à approfondir davantage le détail de ces phénomènes.

Dans les réactions se passant au sein des mortiers, le plus souvent, comme nous l'avons dit, les corps en présence de l'eau commencent par se dissoudre, et les combinaisons cristallisées se séparent ensuite de la solution ainsi produite. Dans certains cas exceptionnels, il semble que la combinaison se fasse directement entre le liquide et les corps solides sans dissolution préalable, et alors le développement des aiguilles d'hydrate de chaux, par exemple, se ferait comme celui du sulfure de cuivre, une force se développerait au contact de l'hydrate et de la chaux vive, la non-dissolution préalable des corps formés pouvant tenir soit à l'énergie de la réaction, comme pour l'hydrate de chaux, qui ne laisse pas aux composés produits le temps de se dissoudre, soit à l'insolubilité trop grande du corps produit, tel le sulfo-aluminate de chaux.

La grandeur des forces mises en jeu dans ces phénomènes ne peut pas être mesurée d'une façon précise: elle semble cependant être très variable suivant les cas. L'hydratation de la chaux vive donne lieu à des forces énormes; elle provoque l'éclatement des briques par la présence d'un grain de chaux de la grosseur d'un pois. Dans l'hydratation proprement dite des ciments, les

forces, beaucoup plus faibles, suffisent encore pour provoquer la rupture d'un tube en verre mince. Dans la formation du sulfo-aluminate de chaux, les forces sont encore
beaucoup plus faibles ; elles ne suffisent même pas pour
amener la rupture d'un tube en verre mince, comme les
tubes à essais des laboratoires.

On peut se rendre compte de la raison de ces différences : le travail mécanique, qui peut être développé
dans une réaction chimique, est au plus égal à la puissance chimique disponible par le fait de cette réaction,
et plus ce travail disponible est considérable, plus facilement on pourra réaliser des forces considérables en
s'opposant à son développement. La puissance chimique
n'est pas non plus facile à mesurer ; nous ne savons le faire
d'une façon précise que pour les réactions utilisables
dans les piles électriques : pour celles-là la puissance chimique est rigou eusement égale à l'énergie électrique
développée ; mais nous savons que, dans tous les cas, la
puissance chimique obéit à certaines lois générales. Elle
est nulle lorsque la réaction chimique s'effectue dans des
conditions de pression et de température où le système
considéré soit en équilibre chimique, et elle croît propor-
tionnellement avec l'écart entre les conditions actuelles
de la réaction et celles de l'état d'équilibre : l'eau et la
chaux sont en équilibre pour donner de l'hydrate de chaux
vers 500°, les silicates de chaux dans les mêmes conditions, vers 150° par exemple, et le sulfo-aluminate de
chaux vers 50°. En effectuant ces différentes réactions à
0°, l'écart de température à partir de l'état d'équilibre
sera de 500° pour la première réaction, de 150° pour la
seconde et de 50° pour la troisième. On conçoit donc que
la première développe une énergie beaucoup plus grande
que la dernière.

MÉCANISME DE LA DÉFORMATION PROGRESSIVE.

Après avoir ainsi précisé, dans la mesure du possible, l'origine des forces développées par les réactions chimiques, il reste à étudier comment ces forces peuvent, par une action suffisamment prolongée, arriver à amener une déformation, une fissuration partielle de corps semblant, à première vue, absolument fragiles et indéformables comme le sont les mortiers. L'explication de ce phénomène peut être donnée d'une façon rigoureuse, elle est sous la dépendance directe des lois de la solubilité. Un cor solide mis au contact d'un liquide, où il est soluble, s'y dissout jusqu'à une certaine concentration, qui est rigoureusement déterminée quand la pression et la température le sont également ; cette dissolution limite subsistant en équilibre avec le corps solide est dite saturée du corps en question ; cette limite de saturation, qu'on appelle souvent le coefficient de solubilité du corps, varie avec la pression et la température que supporte le système. L'élévation de température à pression constante augmente la solubilité des corps qui se dissolvent avec absorption de la chaleur, et c'est le cas de la plupart des sels ; elle diminue, au contraire, la solubilité de quelques corps qui se dissolvent avec dégagement de chaleur, comme l'hydrate de chaux, le sulfate de soude anhydre. L'accroissement de pression augmente la solubilité des corps dont la dissolution est accompagnée d'une contraction ; c'est le cas de tous les sels en solution aqueuse, à l'exception du chlorhydrate d'ammoniaque ; mais il faut des variations énormes de pression, comparées aux variations de température, pour obtenir des changements de solubilité du même ordre de grandeur. Il est possible, bien entendu, en combinant simultanément un changement de pression et un changement de température convenables, de laisser invariable le coefficient de solubilité.

Ces faits sont de tous points semblables à ceux qui se produisent dans la fusion des corps: on fait changer le point de fusion par une variation de température ou par une variation de pression. La relation entre les variations de pression et les variations de température pour lesquelles le système reste à son point de fusion, c'est-à-dire pour lesquelles il y a équilibre entre le corps solide et le corps liquide, s'établit rigoureusement en partant des principes de la thermodynamique ; elle est définie par la loi bien connue de Clapeyron-Carnot:

$$\frac{L.dt}{t} + N\,\frac{dp}{p} = 0,$$

dans laquelle L est la chaleur latente, soit pour une molécule d'eau par exemple, 10 calories, et N le travail latent correspondant :

$$N = AP\,(V - V'):$$

exprimé aussi en calories. Dans le cas de l'eau, ces deux coefficients L et N sont dans le rapport de 1 à 2.000 ; cela explique pourquoi à de très petits changements de température correspondent des changements énormes de pression. Cette formule, établie rigoureusement pour la fusion des corps, s'applique encore d'une façon approchée à leur dissolution ; L est alors la chaleur de dissolution, et

$$AP\,(V - V')$$

le travail correspondant à la contraction accompagnant la dissolution.

Cette formule est établie dans l'hypothèse que la pression est uniforme sur tout le système ; mais cette condition n'est pas nécessaire ; on peut très bien concevoir que le solide et le liquide ne supportent pas la même pression, comme cela arrivera en plaçant, par exemple, dans

un cylindre fermé par un piston non jointif, des fragments
de glace et de l'eau ; la pression exercée sur le morceau
de glace ne se transmettra pas à l'eau liquide ; elle ne
sera pas comprimée ou du moins, elle supportera seulement
la pression du milieu ambiant dans lequel se trouve le
cylindre ; le même fait se produit dans une masse de
neige sur le sommet d'une montagne, où les parties profondes sont comprimées par lepoids des parties supérieures,
sans que l'eau qui coule librement entre les grains de
glace éprouve aucune contraction. Dans ce cas, la formule de Clapeyron-Carnot prend la forme suivante :

$$L \frac{dt}{t} + APV \frac{dp}{p} - AP'V' \frac{dp'}{p'},$$

dans laquelle V est le volume du corps solide, V' le
volume du corps liquide ; si le liquide n'est pas comprimé,
le dernier terme disparaît, et il reste simplement :

$$L \frac{dt}{t} + APV \frac{dp}{p} = 0,$$

tout à fait semblable à la formule de Clapeyron-Carnot,
avec cette seule différence qu: le volume total V rem-
place le changement du volume V — V' ; or, dans le cas de
l'eau, par exemple, ce volume est 10 fois plus grand que
le changement de volume qui accompagne la fusion ; par
conséquent, à une même variation de température corres-
pondra une variation de pression 10 fois moins grande.
Dans le cas de la solubilité, cette formule est encore
exacte, mais seulement d'une façon approchée ; la variation de solubilité produite par un changement de pression est beaucoup plus considérable que lorsque la totalité
du système est comprimée. Cette inégale compression
des corps solides donne lieu à un résultat d'une importance capitale. Un sel au contact d'une solution saturée
venant à être comprimé voit sa solubilité croître immé-

diatement; il se dissout alors dans le liquide environnant; et cette dissolution devient sursaturée par rapport à des cristaux qui seraient en contact avec elle sans être comprimés; elle va laisser immédiatement déposer des cristaux, diminuer de saturation et pouvoir de nouveau dissoudre les cristaux comprimés. Si l'on a une masse poreuse formée de grains de sel dont tous les vides sont remplis par de l'eau, les grains comprimés vont se dissoudre peu à peu et cristalliser dans les vides, jusqu'à ce que la totalité de ceux-ci ait été ainsi remplie et que le liquide ait été expulsé en dehors de la masse; celle-ci devient alors absolument compacte. On suit très facilement la marche du phénomène en comprimant ainsi un sel dans un cylindre par un piston libre et en amplifiant au moyen d'un bras de levier convenable le mouvement du piston; on le voit ainsi peu à peu descendre, et ce mouvement continue pendant des journées entières. J'ai pu de cette façon transformer des masses poreuses de chlorure de sodium et d'azotate de soude en blocs compacts comparables au sel gemme, avec une pression d'une centaine de kilogrammes par centimètre carré, insuffisante pour écraser les cristaux de sel. On voit le mouvement de descente se manifester déjà d'une façon sensible au bout de quelques minutes, et au bout de quelques heures la masse a pris une très grande solidité. On conçoit que si, inversement, on a une masse poreuse, mais cependant cohérente, formée par des grains cristallins soudés les uns aux autres, en les soumettant à un effort de traction, les cristaux tendus, voyant leur solubilité augmenter, se dissoudront et permettront à la masse de se déformer progressivement, à la façon d'un corps malléable, jusqu'au moment où la rupture s'effectuera.

C'est là exactement ce qui se produit dans les mortiers sous l'action des phénomènes chimiques donnant lieu à des gonflements. On peut d'abord vérifier que, soumis à un effort mécanique, des mortiers poreux se déforment d'une façon progressive sans rompre, comme de véritables corps malléables; l'expérience réussit facilement avec le plâtre : des baguettes de plâtre d'un centimètre carré de section, portées sur des appuis distants de 100 millimètres, ont été soumises, soit à sec, soit imbibées d'eau, à des forces croissant progressivement jusqu'à rupture.

Baguette sèche....... $7^{kg},04$ et $7^{kg},125$: moyenne $7^{kg},08$
Baguette mouillée.... $3^{kg},57$ et $3^{kg},65$: moyenne $3^{kg},61$

On a mis alors parallèlement en expérience une baguette sèche et une baguette immergée dans une solution de sulfate de chaux, en les chargeant de poids moitié de ceux de rupture, soit $3^{kg},54$ pour la baguette sèche et $1^{kg},80$ pour la baguette mouillée. La baguette sèche était encore intacte au bout de deux mois, tandis que la baguette mouillée avait cassé au bout de vingt-quatre heures après avoir pris une flèche permanente de $0^{mm},8$. Une nouvelle expérience a été faite en chargeant une autre baguette mouillée d'un poids égal au quart de celui de rupture immédiate, soit $0^{kg},90$. La rupture s'est encore produite, mais cette fois seulement après quarante-neuf jours. La flèche permanente était de 1 millimètre.

En répétant la même expérience avec des baguettes de 5 millimètres seulement d'épaisseur et de 300 millimètres de longueur, il a été possible d'obtenir une flèche de 30 millimètres avant la rupture, la durée de l'expérience ayant été de un mois. Bien entendu, dans ce cas, la force appliquée a dû être beaucoup moindre.

On peut s'étonner que dans les ciments, dont les éléments constituants, silicate et aluminate, sont extrêmement peu solubles, des déformations semblables puissent encore être provoquées grâce à cette très faible solubilité ; mais il faut remarquer que moins les corps sont solubles, plus leurs dimensions sont faibles, et, par suite, plus grande est l'étendue de leur surface de contact avec les liquides, de telle sorte que, si la vitesse de dissolution décroît avec la solubilité, elle augmente par contre très vite avec l'étendue des surfaces. En raison de ces deux phénomènes contraires, la vitesse de déformation peut, dans tous les cas, être appréciable.

Si on vient alors à introduire dans un mortier un corps, qui tend à développer des forces internes par son expansion, comme de la chaux ou de la magnésie capables de s'hydrater, les phénomènes de déformation progressive, qui viennent d'être indiqués, pourront se produire en présence de l'eau, mais ils ne se produiront pas si la masse est sèche ; en général, du reste, dans ce cas, il ne se produira pas non plus de réaction chimique ni, par suite, de tendance au gonflement. Cependant, on peut concevoir un fragment de chaux vive enfermé à l'intérieur d'un mortier, comme il y en a parfois à l'intérieur des briques ; ce mortier, rapidement desséché et exposé dans une atmosphère sensiblement humide, de telle sorte qu'il n'y ait aucune condensation d'eau liquide, pourra absorber une certaine quantité de vapeur d'eau de façon à éteindre sa chaux, et le mortier pourra éclater comme le fait une brique dans les mêmes conditions ; il n'y aura pas alors de déformation progressive, mais seulement une rupture brusque comme sous le choc du marteau. En fait, jamais les ciments et les chaux ne renferment de quantités de chaux libre suffisantes pour produire un semblable effet. Une fois un mortier desséché, la chaux ou la magnésie libre qui peut s'hydrater ultérieurement restera incapable d'en amener la rupture, au moins tant que le mortier sera sec ; de même, l'addition du sulfate de chaux, qui donne lieu à des gonflements considérables, quoique très lents dans le cas du mortier humide, est à peu près inoffensive quand on laisse dessécher les mortiers à l'air avant que les réactions aient eu le temps de se produire. Au contraire, toutes les fois qu'en présence de l'eau il se développe des gonflements par le fait de l'une ou l'autre des réactions précédemment indiquées, ces gonflements exercent une action progressive identique à celle des forces mécaniques sur les baguettes de sulfate de chaux. Si ces forces subsistaient indéfiniment, la décomposition du mortier serait absolument inévitable ; elle pourra, il est vrai, ne se produire qu'après un temps très long. Mais, heureusement, dans le cas de l'hydratation de la chaux, qui est la cause la plus fréquente de désagrégation des mortiers, les tensions, que subit cet hydrate de chaux par le fait de son expansion en vertu de l'égalité de l'action et de la réaction, amènent un accroissement momentané de la solubilité de cet hydrate, qui va cristalliser dans les vides voisins, de telle sorte que les forces initialement développées s'annulent d'elles-mêmes. Il se produit donc simultanément une destruction des tensions de la chaux par dissolution et cristallisation comme dans le cas des silicates ; seulement, la chaux étant beaucoup plus soluble que les silicates, au bout d'un temps très court, quelques jours, quelques semaines au plus, les tensions qu'elle développe se seront complètement annulées. C'est pour ce motif que les dangers résultant de la présence de la chaux libre ne se manifestent guère que dans les premiers temps de l'emploi : un mortier qui aura résisté un mois sans gonflement ne semble plus avoir rien à craindre de la présence de l'excès de chaux qu'il pourra renfermer au début.

Avec la magnésie et le sulfate de chaux, il en va autrement : les composés formés avec gonflements, qui sont dans ce cas l'hydrate de magnésie et le sulfo-aluminate de chaux, sont extrêmement peu solubles, de telle sorte que l'action de désagrégation sur les mortiers pourra se continuer pendant des années. Les tensions provoquées par ces corps ne s'annuleront pas aussi rapidement que pour la chaux : c'est la maçonnerie qui cédera la première, tandis que dans le premier cas c'était l'hydrate de chaux. C'est ainsi qu'on a vu se produire après plusieurs années d'emploi des accidents si graves avec des ciments magnésiens ; c'est ainsi que la décomposition des ciments à la mer et aux eaux sulfatées se prolonge pendant des années sans interruption. Il faut dire, il est vrai, que ce n'est pas là la seule cause de la lenteur extrême de certaines décompositions des mortiers dans les maçonneries à l'air. Pendant les périodes de sécheresse, le travail de désagrégation n'avance pas ; il ne recommence que lorsque les mortiers sont mouillés. Dans les travaux à la mer, la désagrégation ne se produit qu'au fur et à mesure de la pénétration dans le mortier des sels dans l'eau de mer, pénétration très lente, comme nous l'indiquerons plus loin.

Cette action des forces expansives sur les mortiers se manifeste à la fois par deux phénomènes distincts : un gonflement apparent, c'est-à-dire une augmentation du volume total et l'apparition des fentes. Très souvent on se contente, pour juger de l'altération d'un mortier, d'examiner à la vue la production de fissures superficielles, et parfois cependant des gonflements énormes peuvent être réalisés sans aucune fissure apparente : ainsi, en additionnant un ciment Portland de 10 p. 100 de magnésie calcinée impalpable, j'ai obtenu au bout de huit mois un gonflement représentant 30 p. 100 environ du volume initial sans l'apparition de la plus petite fissure. Le développement des fissures est d'autant plus accentué que le gonflement est plus rapide, d'une part, et, d'autre part, que les agents expansifs sont répartis d'une façon moins uniforme dans la matière ; la magnésie en gros grains aurait donné des fentes là où la magnésie très fine n'a donné qu'un gonflement uniforme.

TROISIÈME PARTIE.

PHÉNOMÈNES PHYSIQUES DE PÉNÉTRATION DES SELS DE LA MER DANS LES MORTIERS.

Le mécanisme de la pénétration des sels de la mer à l'intérieur des mortiers a une importance capitale au point de vue de l'avancement de la décomposition. Si les mortiers étaient absolument compacts et ne pouvaient être attaqués que par leurs surfaces extérieures, leur destruction ne pourrait être qu'infiniment lente. Les sables, les pierres réduisent considérablement ces surfaces de contact et, de plus, les précipités gélatineux de magnésie, de silice et d'alumine provenant de la première action de l'eau de mer sur le ciment tendent encore à les protéger. En fait, tous les mortiers sont plus ou moins perméables, et l'expérience a montré que la rapidité de leur décomposition était intimement liée à leur porosité. Le fait avait été prévu par Vicat, et les résultats lamentables obtenus dans différents ports maritimes en employant des mortiers trop maigres ou faits avec des sables trop fins, c'est-à-dire des mortiers trop poreux, mettent hors de doute l'importance de ce point de vue.

POROSITÉ.

La première idée qui se présente est que l'eau de mer pénètre dans les mortiers par filtration sous l'influence de différences de pression résultant des variations des niveaux des marées, du choc des vagues ou des dénivellations de l'eau dans les bassins de radoub. Aussi de nombreuses expériences ont-elles été faites sur la perméabilité des mortiers à la filtration et sur leur décomposition plus ou moins rapide sous l'action d'une circulation continue d'eau de mer. En réalité ces expériences n'ont pas du tout donné ce que l'on en attendait : au bout de très peu de temps, les pores se colmatent et la circulation du liquide à l'intérieur devient tellement faible qu'elle peut passer pour tout à fait négligeable, et cependant la décomposition ne s'en produit pas moins lorsque les blocs de filtration sont eux-mêmes immergés dans l'eau de mer. Ce colmatage tient à des causes multiples se rattachant à l'action chimique des eaux de la mer, et en particulier aux dépôts de magnésie sur les surfaces filtrantes et plus encore peut-être à la formation d'une croûte de sulfo-aluminate de chaux. Ce colmatage, bien entendu, ne se produit pas nécessairement avec tous les liquides, il est spécial à l'eau de mer et aux solutions sulfatées. Les solutions d'acide carbonique ou de carbonate d'ammoniaque augmentent, au contraire, la perméabilité, comme j'ai eu l'occasion de le reconnaître. C'est là un cas qui se rencontre dans les usines à gaz, où l'on emmagasine parfois dans des réservoirs en ciment des eaux ammoniacales, mais cela n'a aucun rapport avec les phénomènes pouvant se produire dans les eaux de la mer.

Il n'en est pas moins vrai que la circulation de l'eau de mer se produit à travers la maçonnerie. On le reconnaît facilement aux sources que l'on voit jaillir à travers les murs quand il y a une différence de niveau de part et d'autre, mais ces circulations d'eau à l'intérieur des maçonneries proviennent uniquement de malfaçons, de solutions de continuité qui existent dans les mortiers formant les joints des pierres. Cette pénétration de l'eau a certainement une grande influence au point de vue de la conservation des maçonneries, puisqu'elle porte jusqu'au centre l'action décomposante de l'eau de mer, mais elle est tout à fait indépendante de la nature et de la qualité des liants hydrauliques. Dans le même ordre d'idées, l'emploi de matériaux de construction poreux, comme les briques, en favorisant la pénétration de l'eau de la mer au cœur des maçonneries, en hâte considérablement la destruction.

Il est facile de comprendre pourquoi la circulation des liquides à travers des mortiers très poreux est presque impossible : c'est qu'en effet la vitesse de circulation d'un liquide ne dépend pas seulement de la section totale des vides ouverts à son passage, mais aussi de la grandeur individuelle de chacun d'eux. La finesse plus ou moins grande des précipités formés par l'action de l'eau de mer peut faire varier d'une façon très capricieuse la largeur de ces conduits et opposer ainsi à la circulation du liquide une résistance très variable d'un cas à l'autre.

Cependant la décomposition des mortiers, et leur décomposition rapide, prouve que l'attaque se fait simultanément sur une épaisseur souvent très grande, comme le montre le ramollissement progressif observé à une très grande distance de la surface ; il y a un mode de pénétration des sels de la mer autre que celui dû à la filtration. Cela est d'autant plus certain que, dans des bacs en eaux tranquilles, la décomposition est presque aussi rapide que sous l'action d'eaux filtrantes. Le mécanisme de cette pénétration des sels dissous est celui de la *diffusion*, propriété bien connue de tous les sels solubles dans l'eau.

DIFFUSION.

La diffusion des sels ne rencontre pas les mêmes obstacles que l'écoulement des liquides dans les corps poreux. Cette vitesse ne dépend en effet que de la section libre totale et nullement de la grandeur individuelle de chacun des conduits ; il était donc permis de penser que cette diffusion devait s'effectuer d'une façon beaucoup plus régulière que la circulation en masse du liquide; c'est ce que l'expérience a vérifié au delà même des prévisions permises.

La méthode que j'ai employée consiste à immerger les blocs de mortier dans des solutions salines renfermant un corps dont la présence à l'intérieur du mortier puisse ensuite être facilement décelée au moyen de réactifs appropriés. Le mode opératoire consiste à immerger pendant un temps déterminé, qui a varié de vingt-quatre heures à six mois, une petite éprouvette de mortier dans des solutions de sels alcalins ou calcaires renfermant un acide pouvant donner, avec un sel métallique convenablement choisi, un précipité très visible, par exemple le ferrocyanure de potassium, qui donne avec les sels ferriques un précipité bleu de Prusse; les sulfures alcalins, qui donnent avec les sels de plomb, d'argent ou de mercure un précipité noir, et l'iodure de potassium, qui donne avec les sels mercuriques un précipité rouge. Les éprouvettes sont ensuite cassées en deux et immergées dans les solutions de sel métallique indiquées ci-dessus; ces solutions doivent être légèrement acidulées pour empêcher la précipitation de leurs oxydes par la chaux du mortier.

Une précaution très importante est de conserver les éprouvettes destinées à ces expériences dans une solution saturée de chaux ou mieux dans un lait de chaux, de façon à éviter toute altération de leur surface capable d'en modifier la perméabilité; ainsi, quand on conserve des éprouvettes dans l'eau ordinaire, on reconnaît que la croûte carbonatée superficielle présente une perméabilité très faible : les pores de la matière ont été obstrués par un dépôt de carbonate de chaux, la chaux se diffuse de l'intérieur vers la surface, tandis que le bicarbonate renfermé dans les eaux ordinaires se diffuse vers l'intérieur; ces deux composés se rencontrent et se précipitent mu-

tuellement dans une région déterminée et voisine de la
surface, qui devient de plus en plus imperméable. Si on a
conservé les éprouvettes sans prendre de précautions spéciales pour éviter cet inconvénient, il faut, avant l'immersion dans la solution saline, les casser en deux de
façon à offrir à la pénétration des sels une surface fraîche.

Parmi les réactifs employés, celui qui m'a donné les
résultats les plus nets est le ferrocyanure de potassium
avec précipitation par la solution chlorhydrique de chlorure ferrique; le précipité bleu extrêmement foncé est
absolument net. On est certain, dans tous les cas, qu'il
ne peut exister à l'intérieur du mortier aucun corps capable de donner naissance à une précipitation semblable.
Malheureusement, la coloration ainsi obtenue ne peut être
conservée longtemps, un quart d'heure au plus, en raison
de l'action de la chaux sur le bleu de Prusse, qui le détruit
et fait disparaître sa coloration bleue. Le sulfure de
sodium à la concentration de 10 p. 100 jouit de la propriété de donner une coloration noire verdâtre là où il
pénètre sans l'intervention d'aucun autre sel métallique.
Les petites quantités de fer qui existent dans tous les ciments suffisent pour donner naissance à du sulfure de fer.
Bien que ces deux réactifs, et surtout le dernier, soient
d'un emploi très commode, on peut se demander si l'intervention de sels alcalins ne donne pas lieu à des réactions chimiques spéciales avec la chaux du mortier, et ne
contribue pas ainsi à faire varier sa perméabilité. Il est plus
rationnel d'employer des sels de chaux, qui ne doivent
avoir aucune action sur les composés des ciments, tous à
base de chaux. J'ai, dans ce but, essayé d'employer des
solutions de bisulfure de calcium, obtenues en faisant
bouillir 5 grammes de fleur de soufre dans 1 litre de
lait de chaux, et filtrant; la présence du bisulfure était
ensuite décelée au moyen d'une solution acide d'acétate
de plomb dans laquelle on immerge pendant cinq à dix

minutes un des morceaux de la briquette du ciment, rompue de nouveau en deux parties après sa sortie de la solution de bisulfure. Les résultats n'ont pas été notablement différents de ceux obtenus avec les solutions alcalines, et je me suis finalement arrêté, pour les expériences courantes, à l'emploi de la solution de monosulfure de sodium à la concentration de 10 p. 100.

Les photographies ci-contre donnent la représentation des briquettes de ciment traitées dans les conditions suivantes. Elles ont été immergées dans une solution de bisulfure de calcium :

6 : Après une conservation de deux jours dans l'eau froide ;

7 : De sept jours dans l'eau froide ;

5 : De sept jours dans l'eau chaude.

Enfin, quatre d'entre elles avaient été conservées pendant sept jours :

3 : Dans une solution de sulfate de magnésie à 7 grammes par litre ;

1 : Dans une solution de carbonate d'ammoniaque à la concentration de 10 p. 100 ;

4 : Dans une solution de sulfate de magnésie et de bicarbonate de potasse à raison de 6 et 2 grammes par litre de chacun de ces sels ;

2 : Dans la solution saturée de sulfate de chaux.

Les éprouvettes ont été immergées dans la solution de bisulfure de calcium indiquée plus haut pendant huit jours, puis traitées par le nitrate d'argent ou le nitrate de plomb (1re et 2e bandes d'échantillons).

On peut, de l'examen de ces photographies, tirer quelques conclusions intéressantes : les ciments durcis dans l'eau chaude sont beaucoup plus perméables que ceux qui ont durci à froid ; ce fait doit s'expliquer par la forme différente des cristaux développés pendant le durcissement ; on conçoit que des cristaux en forme de lamelles aplaties

pourront obstruer complètement des canaux existant dans
la masse, tandis que des cristaux de forme plus régulière

laisseront autour d'eux des passages libres; cette explication n'est pourtant donnée qu'à titre de simple hypothèse.

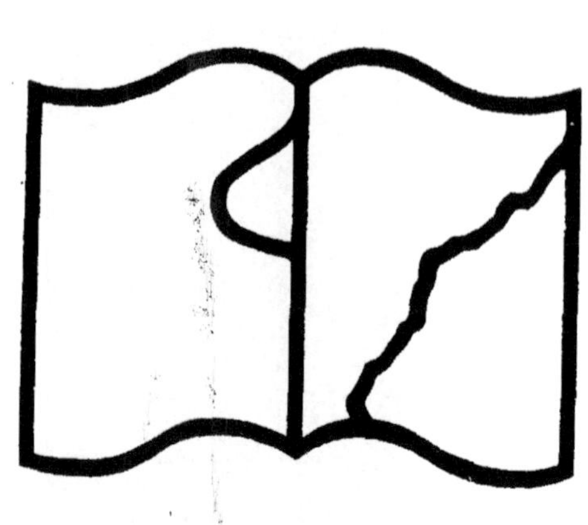

Texte détérioré — reliure défectueuse

NF Z 43-120-11

Les solutions de carbonate d'ammoniaque et celles de sulfate de chaux ont considérablement diminué la perméabilité de la couche superficielle, celle de sulfate de magnésie et de bicarbonate de potasse a présenté une action semblable, mais à un moindre degré, et enfin le sulfate de magnésie n'a pas donné, à ce point de vue, de résultats bien différents de ceux de l'eau saturée de chaux dans laquelle avaient été conservées les éprouvettes laissées à froid.

En ce qui concerne la variation de la perméabilité avec la durée du durcissement, on voit, comme on pouvait le prévoir, que cette perméabilité diminue progressivement.

Une fois en possession de cette méthode, il était intéressant de l'appliquer à la comparaison de différentes sortes de produits hydrauliques ; dans ce but. on a pris des briquettes de ciment fabriquées depuis trois ans et conservées dans l'eau de chaux. Ces briquettes furent immergées pendant six mois dans une solution de sulfure de sodium à 10 p. 100. Dans ces conditions, le plus grand nombre des chaux et ciments mis en expérience ont été pénétrés jusqu'au centre, c'est-à-dire à une profondeur d'au moins 10 millimètres, puisque la dimension des briquettes était de 20 millimètres. Un très petit nombre seulement n'ont présenté que des pénétrations extrêmement faibles.

Tous ces ciments, sauf un ou deux échantillons indiqués, avaient été broyés avant gâchage, de façon à les faire passer en totalité à travers le tamis de 4.900 mailles. La proportion d'eau a toujours été très élevée, se rapprochant en général de 50 p. 100, afin de se placer comme porosité dans des conditions comparables à celles des mortiers. Pour gâcher le ciment avec d'aussi fortes proportions d'eau, il a fallu ou le laisser reposer avant d'achever le gâchage et le rebattre, ou, le plus souvent, commencer la prise en chauffant quelques minutes la pâte trop liquide au bain-marie.

CIMENTS IMMERGÉ DANS LE SULFURE DE SODIUM APRÈS TROIS ANS
DE DURCISSEMENT.

	NATURE	PERTE à la calcination p. 100 du poids du résidu calciné (eau libre et combinée)	PÉNÉTRATION du sulfure de sodium dans des cylindres de 20 millimètres
1	Chaux grasse, 1 partie / Argile calcinée, 0,5 partie	175,7	Totale
2	Portland anglais	63,5	—
3	Chaux grasse, 1 partie / Argile calcinée, 1 partie	149,9	—
4	Portland amaigri, 1/2	59,9	—
5	Portland amaigri, 1/1	61,3	—
6	Grenoble, prise rapide	101,2	—
7	Grenoble, prise lente	83,6	—
8	Portland Boulogne	56,75	—
9	— + 1 partie argile calcinée	111,3	—
10	Ciment de laitier Donjeux	76,1	—
11	— Vitry	82,5	—
12	1 partie chaux grasse + 4 parties Trass	88,4	5 millimètres
13	Ciment fort indice	44,8	0
14	—	47,0	0
15	Ciment Vassy médiocre	91,5	Totale
16	Ciment grappier du Teil (non broyé)	70,0	—
17	Chaux du Teil, pierres bien cuites	116,8	—
18	Ciment grappier du Teil	72,2	—
19	— + 1 partie argile calcinée	127,41	—
20	Chaux du Teil	73,0	—
21	— + 1 partie silice calcinée	144,0	—
22	— + 1 partie argile calcinée	95,0	1^{mm},5

La première colonne des tableaux indique la perte à la calcination rapportée à 100 parties de matières calcinées; c'est, à très peu de chose près, l'eau de gâchage, sauf dans le cas des chaux qui renferment déjà une notable proportion d'eau combinée.

Tous ces ciments, sauf le numéro 18, ont été broyés avant gâchage, comme cela est indiqué plus haut.

Les ciments 15 et 16 provenaient d'une fabrication spéciale faite aux usines de Boulogne, en vue d'essayer si les ciments à fort indice résisteraient mieux à l'action décomposante de l'eau de la mer. La pâte avait été dosée à 24,15 p. 100 d'argile. Voici la composition chimique de ce ciment :

Silice....................................	
Alumine..................................	25,5
Oxyde de fer.............................	7,8
Chaux...................................	3,0
Magnésie................................	60,4
Acide sulfurique.........................	1,4
Perte au feu.............................	0,9
	1,0
TOTAL...................	100,0

Cette cuisson avait donné beaucoup de poussière, et les ciments furent composés avec des mélanges des produits de la mouture des roches et de la poussière.

Le ciment 15 renfermait : roches : 1.400 et poussières : 300
    —   16   —   1.000   —   1.000

Ces deux ciments ont été complètement imperméables, tandis que les ciments au dosage ordinaire ont tous été perméables ; il est vrai que la quantité d'eau n'était pas la même, 45 et 47 au lieu de 60 et 80 pour les ciments ordinaires.

Un mélange de chaux du Teil et d'argile s'est montré à peu près complètement imperméable, tandis que des mélanges de ciment Portland ou de ciment de grappier avec la même quantité d'argile se sont laissé pénétrer ; mais, là aussi, la quantité d'eau était différente : 95 p. 100 pour le mélange de chaux, dont 8 p. 100 environ préexistait dans la chaux, tandis que les mélanges à base de ciment renfermaient 111 et 127 p. 100 d'eau. Les expériences du tableau suivant montrent que les mélanges de ciment et d'argile deviennent aussi imperméables, quand ils sont gâchés avec moins d'eau.

Nature	Proportion d'eau	Pénétration du sulfure
Chaux et pouzzolane grise............	»	$8^{mm},0$
— jaune...........	»	$3 ,0$
Ciment Dèvres bien cuit, grise........	60 p. 100	totale
— jaune.......:	56 —	$0^{mm},5$
Ciment Dèvres peu cuit, grise........	54 —	$5 ,0$
— jaune........	60 —	$0 ,8$
Ciment Boulogne, excès argile, grise...	51 —	totale
— jaune..	55 —	$1^{mm},5$
Ciment Boulogne, excès de chaux, grise..	48 —	$0 ,5$
— jaune.	55 —	$3 ,0$

Enfin un mélange de chaux grasse et trass a été incomplètement pénétré.

Ce tableau se rapporte à des mélanges de chaux et ciments avec des pouzzolanes d'Italie : une variété jaune et une variété grise, que je dois à l'obligeance de M. Rebuffat. Sauf pour le mélange avec la chaux grasse, où elles ont été employées à l'état naturel, elles ont été broyées comme les ciments.

Le mélange avec les ciments a été fait à poids égal, et, pour la chaux, dans la proportion de 4 parties de pouzzolane pour 1 de chaux.

La différence d'indice des deux ciments de Boulogne était très faible : un peu supérieur pour le premier et un peu inférieur pour le second à la moyenne.

On voit donc que, même avec une proportion d'eau pour 100 relativement considérable, 50 p. 100, il existe des liants hydrauliques pouvant arriver à former une masse absolument imperméable.

Il semble bien que ce facteur de la perméabilité plus ou moins grande des mortiers à la pénétration par diffusion des sels ait une importance au moins aussi grande, pour la conservation des mortiers à la mer, que la différence des propriétés chimiques des ciments employés.

ÉLIMINATION DE LA CHAUX PAR DIFFUSION.

Les phénomènes chimiques modifient considérablement la porosité et, par suite, la perméabilité des mortiers aux sels dissous ; l'attention a été appelée sur ce point dans ces derniers temps par M. Maynard, directeur du Laboratoire des Ponts et Chaussées à la Rochelle. Il a reconnu qu'on ne rencontrait jamais de magnésie à l'intérieur des mortiers, même dans un état très avancé d'altération, tant que leur désagrégation n'est pas tout à fait complète, et cependant la chaux disparaît progressivement, en même temps que le mortier devient de plus en plus poreux. La chaux se diffuse peu à peu de l'intérieur vers la surface extérieure, où elle rencontre les sels de magnésie dissous qu'elle précipite. Voici quelques chiffres empruntés à M. Maynard, montrant les changements de composition d'un mortier et son accroissement de porosité après un temps prolongé de séjour dans l'eau de la mer.

Sur un décimètre cube, le volume des vides a passé de 378 centimètres cubes, à la fin de la prise, à 629 centimètres cubes, après quarante ans de séjour à la mer. L'écart eût été plus considérable encore si l'on eût pris comme terme de comparaison la porosité du mortier après un an de durcissement, une fois l'hydratation achevée. La porosité initiale n'eût pas atteint alors 200 centimètres cubes.

On comprend que, par ce mécanisme, des mortiers très compacts au début et presque imperméables puissent, par la dissolution de leur chaux, arriver à prendre une porosité considérable, et devenir alors bien plus facilement altérables par la diffusion des sels nuisibles de l'eau de la mer.

MORTIER DE CIMENT PORTLAND ANGLAIS PUR GACHÉ
AVEC $0^t,275$ ENVIRON D'EAU ET IMMERGÉ EN EAU DE MER.

	COMPOSITION DU MORTIER intact de ciment pur aussitôt la prise terminée	COMPOSITION DU MORTIER de ciment pur immergé depuis 1859 en eau de mer, coloré en rose et décomposé sans variation de volume
	Analyses rapportées au décimètre cube	
	Densité $2^{kg},200$	Densité $1^{kg},600$
Perte de 0 à 100°...............	378,40	629,28
Perte de 100° au rouge (eau)......	97,60	264,82
Acide carbonique........	»	39,99
Silice à l'état de sable............	»	»
Silice combinée..................	400,83	192,20
Alumine......................	131,20	136.48
Oxyde de fer...................	61,20	47,95
Chaux.....................,....	1.089,74	89,31
Magnésie.....................	6,90	124,25
Acide sulfurique................	31,72	95,92
Chlorure de sodium..............	»	39,12
Pertes et non dosés.............	2,41	0,68
Totaux................	2.200,00	1.600,00
Porosité par décimètre cube.......	$378^{cc},40$	$629^{cc},28$
Augmentation de la porosité.......	$250^{cc},88$	

J'ai vérifié l'exactitude du fait annoncé par M. Maynard
au moyen d'une méthode qualitative qui a l'avantage de se
prêter à des observations très simples. Au lieu d'immerger
les mortiers dans des sels de magnésie dont la pénétration ne peut être reconnue que par des analyses chimiques
délicates, je les ai immergés dans des sels colorés d'argent, de mercure, de cuivre et de cobalt. Après des mois
de séjour dans ces dissolutions, des mortiers relativement
très poreux n'étaient colorés que sur une épaisseur inférieure à 1/10 de millimètre, c'est-à-dire que la pénétration avait été pratiquement nulle. Il n'est, bien entendu,

question ici que de la pénétration dans la masse compacte. Lorsque le mortier se fend et se désagrège, comme cela arrive avec les sulfates des métaux ci-dessus indiqués, et en particulier ceux de cuivre et de cobalt dont on peut employer des solutions assez concentrées, le liquide pénètre par toutes les fentes, et la surface de ces fentes se colore, mais en brisant l'échantillon on ne voit nulle part de coloration en dehors des deux lèvres de la fente.

CROUTE IMPERMÉABLE.

Si les réactions chimiques peuvent augmenter la perméabilité des mortiers, elles peuvent aussi, par un mécanisme différent, diminuer considérablement cette perméabilité et produire un colmatage de tous les pores. L'épaisseur de la croûte formée pourra être très mince; mais, si elle est complètement imperméable, elle suffira, quelle que soit son épaisseur, pour s'opposer à tout échange entre l'intérieur du mortier et l'eau de la mer. Vicat avait signalé que certains mortiers de chaux, immergés dans la Méditerranée, se recouvraient ainsi d'une croûte imperméable de quelques millimètres au plus d'épaisseur, sous laquelle les mortiers restaient complètement inaltérés. J'ai repris l'étude de cette question en employant des solutions de sels alcalins dans lesquelles on immergeait des briquettes de ciment gâchées avec un grand excès d'eau, pour les rendre poreuses. Il y a deux cas à distinguer, celui des solutions de chlorures ou d'azotates et celui des solutions de sulfates. Dans le cas des solutions de chlorures ou d'azotates, la croûte superficielle très mince qui se forme semble devenir complètement imperméable. Elle reste en tout cas très bien adhérente, et, si la diffusion continue à se faire de l'extérieur du mortier vers le liquide salin, ce n'est qu'avec une extrême lenteur. Avec les solutions de sulfates, le phénomène est tout autre, la même croûte se forme bien : mais, au bout de quelque temps, on la voit se soulever, donner naissance à des cloques et se détacher de la surface de la briquette. Cette première couche, en quelque sorte extérieure à la briquette et non adhérente, est ensuite remplacée par une couche en contact plus intime avec le ciment et plus adhérente, laquelle, à son tour, peut encore s'enlever de même jusqu'à ce que le gonflement se transmette à l'intérieur même de la briquette de ciment, et que celle-ci se fende et se déforme complètement. On voit donc que la croûte des sulfates ne conserve pas la même imperméabilité que celle des chlorures ou azotates. Le phénomène de gonflement dû à la présence de l'acide sulfurique amène la complète désagrégation de cette croûte et permet ainsi la continuation de l'altération du mortier. Il y a là par conséquent une distinction capitale à établir entre les solutions sulfatées et les solutions non sulfatées.

Dans les solutions non sulfatées, dans le chlorure de magnésium par exemple, toutes les expériences faites jusqu'ici ont été impuissantes à déceler une décomposition quelconque. La protection fournie par la croûte d'oxychlorure ou d'oxyde métallique insoluble semble être complète. Dans les solutions sulfatées, il n'en est pas de même, et leur protection est d'autant moindre que le ciment est plus alumineux et plus riche en chaux, la désagrégation de la croûte étant dans tous les cas due à la formation du sulfo-aluminate de chaux.

Dans les eaux de la mer, qui renferment à la fois des chlorures, des sulfates et des bicarbonates, toutes ces influences se feront simultanément sentir d'une façon inégale, suivant la nature des ciments et leurs conditions d'emploi. Pour de très légères modifications dans les circonstances de l'expérience, la croûte protectrice pourra être stable et protéger les mortiers, tandis que, dans d'autres cas, elle ne subsistera pas et donnera lieu à une accélération très rapide de la destruction. C'est en effet là un des faits qui frappent dans toutes les expériences relatives à la décomposition des ciments à la mer. On verra une briquette se conserver intacte pendant des mois et des années, puis tout d'un coup, dans l'espace de quelques jours, se désagréger à bloc. D'autres fois, deux ciments de la même provenance, de composition tout à fait semblable, donneront, l'un d'excellents résultats, tandis que l'autre se détruira avec la plus grande rapidité.

Il peut être intéressant de chercher à se rendre compte des conditions dans lesquelles se fait l'élimination de la chaux des mortiers par diffusion vers l'extérieur. J'ai trouvé un réactif, le bichlorure de mercure, qui permet de se rendre compte de cette altération d'une façon très précise. En mouillant la cassure fraîche d'une briquette avec une solution saturée (10 p. 100) de bichlorure de mercure, laissant l'action se continuer dix secondes, puis lavant quelques instants à grande eau, on voit la coloration jaune de l'oxyde de mercure sur toutes les parties de la briquette renfermant encore de la chaux libre, la coloration rouge brun de l'oxychlorure sur les parties qui renferment seulement des silicates et aluminates de chaux ou de la magnésie libre, et aucune coloration sur les parties complètement carbonatées et décomposées.

En appliquant cette méthode à l'examen des briquettes immergées dans des solutions de sulfate et chlorure de cuivre ou de cobalt, j'ai reconnu que, après un an d'immersion, la chaux n'avait en aucun point de ces briquettes été enlevée complètement, car leur section devenait brun rouge jusqu'au contact de la croûte superficielle infiniment mince de chlorures et sulfates basiques. La chaux libre était enlevée un peu plus profondément, mais rarement sur plus de 1 millimètre d'épaisseur. On voit donc combien est énergique le rôle protecteur de la couche superficielle, car les mêmes briquettes immergées dans des solutions de sels solubles, ne donnant aucun précipité comme le ferrocyanure ou les sulfures, auraient été imprégnées à bloc, sur plusieurs centimètres d'épaisseur, même dans un temps d'immersion bien moins long.

Ces résultats peuvent sembler en contradiction avec les expériences rapportées plus haut, dues à M. Maynard, mais il faut remarquer qu'elles portaient sur des mortiers immergés en eau de mer depuis quarante ans et plus et soumis au flux et reflux des marées. Mes expériences n'ont, au contraire, duré qu'un an, et dans des liquides absolument immobiles.

Mécanisme de la décomposition des ciments. — D'après ce qui précède, la décomposition des mortiers résulte de deux phénomènes successifs, l'élimination de la chaux par diffusion, qui détruit en partie la solidité du mortier et accroît sa porosité, puis un gonflement et une désagrégation de la masse ainsi affaiblie, produits par l'action du sulfate de chaux.

En ce qui concerne la première phase du phénomène, elle présente nécessairement deux périodes très distinctes. Tant que le ciment renferme de la chaux libre, sa solubilité relativement très grande lui permet de se diffuser rapidement ; quand, au contraire, il n'y a plus de chaux libre, mais seulement des silicates et aluminates, la décomposition peut encore continuer par ce mécanisme, parce que ces corps se dissocient au contact de l'eau ; mais, la quantité de chaux mise en liberté étant extrêmement faible, son élimination par diffusion sera également extrêmement lente. On conçoit sans peine comment l'addition de matières pouzzolaniques capables de fixer la chaux libre, ou l'emploi de ciment à fort indice renfermant moins de chaux, donnent des résultats avantageux.

Le mécanisme de la seconde phase de la décomposition par gonflement est plus difficile à comprendre, puisqu'il n'y a pas de pénétration de sels étrangers dans le ciment. Comment le sulfate de chaux peut-il provoquer la décomposition du mortier? Il s'en forme bien dans les couches superficielles, mais la proportion en est très faible, car il est complètement décomposé vers l'extérieur par les sels de magnésie de l'eau de mer.

Cependant, en réalité, il semble que ce sont uniquement les efforts de gonflement se produisant dans cette petite croûte superficielle qui provoquent l'arrachement et les fentes du mortier. Tant que la croûte n'est pas adhérente au mortier, elle se détache sous l'action de ce gonflement sans porter aucun préjudice à la résistance intérieure de la masse ; mais une fois que, par suite de l'élimination partielle de la chaux, elle commence à se précipiter dans les pores de la couche superficielle et à devenir complètement adhérente au mortier, ces gonflements se traduisent par des efforts qui arrivent, sous l'action du temps, et par le mécanisme indiqué plus haut, à ouvrir des fentes dans le mortier.

Les fentes sont uniquement provoquées par l'expansion de la croûte superficielle infiniment mince qui joue le rôle d'une enveloppe de caoutchouc adhérente au mortier et comprimée sur elle-même. Sous sa pression continue, les mortiers, par le mécanisme indiqué plus haut, se déforment progressivement jusqu'au moment où une fente s'ouvre. A ce moment, les sels pénètrent dans la fente, et les deux lèvres de la fente se recouvrent d'une couche sulfatée semblable, qui se met à travailler à son tour, augmentant peu à peu la pénétration de la fente vers l'intérieur de la masse.

Si, au lieu d'envisager une briquette de forme géométrique et convexe, sur laquelle la croûte en question ne peut se former qu'à l'extérieur, on envisage un mortier irrégulier, comme cela a toujours lieu dans les travaux, présentant des solutions de continuité par lesquels il peut être imprégné d'eau de mer jusqu'au centre, la croûte se formant à l'intérieur des cavités creuses se trouvera dans des conditions bien plus favorables pour faire travailler son action expansive. Il serait intéressant de répéter les expériences précédentes sur des briquettes perforées pour voir si la destruction ne marchera pas plus rapidement.

Une expérience bien simple prouve la réalité de cette intervention de la croûte superficielle dans la désagrégation des mortiers. Croyant accélérer cette décomposition en supprimant les croûtes superficielles plus ou moins imperméables, j'ai essayé de brosser tous les jours des échantillons immergés dans des solutions sulfatées, de façon à maintenir toujours une surface du mortier à vif. Des échantillons semblables étaient conservés pendant ce temps dans les mêmes solutions sulfatées, mais sans y toucher. Contrairement à toutes mes prévisions, tandis que les briquettes immergées en repos dans les solutions sulfatées se sont très rapidement décomposées et détruites, dans l'espace de quelques semaines au plus, celles qui ont été frottées tous les jours se sont conservées sans aucune espèce d'altération apparente; elles sont encore intactes depuis plusieurs mois. Il est probable, il est même certain qu'elles perdent de leur chaux par diffusion et que la solidité de la masse doit diminuer, mais aucune fente, aucun gonflement ne s'est encore manifesté.

Si l'on admet, — ce que mes expériences semblent bien établir, — que tous ces phénomènes de décomposition des ciments à la mer, tant l'élimination de la chaux par diffusion que les gonflements, sont sous la dépendance d'une petite croûte, imperméable et plus ou moins expansive, de quelques dixièmes de millimètre au plus d'épaisseur, on comprendra combien les phénomènes globaux de décomposition des mortiers doivent sembler capricieux. Ils sont sous la dépendance des conditions de production et de destruction de cette petite couche, qui est en état de transformation perpétuelle, comme un véritable être vivant, puisque constamment la chaux vient par diffusion réagir sur sa surface externe, tandis que les sels de magnésie des eaux de la mer l'attaquent en même temps par sa surface externe. Ces derniers détruisent le sulfo-aluminate de chaux, qui va se reformer un peu plus profondément ou au même endroit, suivant les alternatives de circulation de la chaux et des sels de magnésie.

QUATRIÈME PARTIE.

DÉCOMPOSITION DE BRIQUETTES PAR IMMERSION DANS DES SOLUTIONS SALINES VARIÉES.

Je terminerai cette note en reproduisant les résultats d'un certain nombre d'expériences que j'ai poursuivies depuis quatre ans pour comparer l'inégale résistance des différents liants hydrauliques à l'action des solutions salines. Ces expériences ont été faites dans les conditions suivantes : les liants étaient broyés de façon à les faire passer en totalité au tamis de 4.900 mailles. Ils étaient gâchés avec une quantité d'eau au moins égale à 50 p. 100 de leur poids, de façon à être certain d'avoir des briquettes encore poreuses après l'achèvement de la solidification. Ces briquettes, moulées en cylindres de 2 centimètres de diamètre, ont, après des durées de prise plus ou moins considérables, été découpées en prismes à angles droits et immergées dans les quatre solutions suivantes :

Eau de mer artificielle ;

Solution saturée de sulfate de chaux avec sulfate en excès dans le liquide ;

Solution de sulfate de magnésie à 6 grammes par litre ;

Solution de magnésie à 6 grammes par litre et bicarbonate de potasse 2 grammes par litre.

Je ne reproduirai ici que les résultats relatifs à l'action de l'eau de mer et des solutions saturées de sulfate de chaux.

Dans les tableaux suivants, le nombres en chiffres arabes indiquent le nombre de jours après lequel chaque briquette a été complètement détruite, et, pour celles qui ne sont pas encore détruites, le degré de décomposition est indiqué par des chiffres romains croissant de O à V.

CIMENTS PORTLANDS

Ciments gâchés avec 60 0/0 d'eau et mis en expériences après un mois de durcissement. — Les expériences durent depuis 4 ans, soit depuis 1.500 jours.

NATURE DES CIMENTS	SULFATE de chaux	EAU DE MER
Ciment de Boulogne (tout-venant)	61	900
— autre échantillon (tout-venant)	116	660
— pour enduits (tout-venant)	63	509
— pour maçonnerie (tout-venant)	57	720
— coloré en vert	123	123
— à surdosage en chaux (roches triées)	92	97
— — —	48	37
— à surdosage en argile (roches triées)	25	20
— — —	53	48
— Portland de Dèvres Fourmantreaux	68	93
— bien cuit (roches triées)	48	39
— peu cuit (roches triées)	35	30
— Portland de Mantes (tout-venant)	144	600
— roches triées de Mantes	28	37
— de Mantes gonflant à chaud (tout-venant)	392	I

Un grand nombre de ciments Portlands de fabrication courante, qui ont été essayés depuis, ont donné les mêmes résultats. On obtient au contraire de meilleurs résultats avec les ciments d'indice exceptionnellement élevé prescrits par les nouveaux cahiers des charges pour travaux à la mer.

CHAUX HYDRAULIQUE ET CIMENT DE GRAPPIERS.

Eau de gâchage = 60 p. 100.
Durée des expériences = 4 ans.

NATURE DES CIMENTS	SULFATE de chaux	EAU DE MER
Ciment de grappiers du Teil..........................	800	I
Chaux du Teil..	300	III
Ciment de grappiers du Teil..........................	IV	III
Chaux du Teil double cuisson.........................	II	1200
— — avec 5 0/0 Fe²O³...........	IV	III
Pierres mortes du Teil broyées.......................	I	II
Poussières lourdes du Teil...........................	IV	II
Ciment de grappiers de Saint-Astier.................	109	IV

Ces chiffres montrent bien nettement la supériorité des produits non alumineux. Leur décomposition n'est pas nulle, mais elle est beaucoup plus lente que celle des ciments Portlands.

CIMENTS PRÉPARÉS AU LABORATOIRE.

Durée des expériences = 4 années.

NATURE DES CIMENTS	SULFATE de chaux	EAU DE MER
$10SiO^2Al^2O^3 32CaO$	155	42
$5SiO^2Al^2O^3 17CaO$	155	72
$2SiO^2Al^2O^3 9CaO$	102	34
$2SiO^2Al^2O^3 8CaO$	26	25
$2SiO^2Al^2O^3 7CaO$	72	37
$5SiO^2Fe^2O^3 17CaO$	III	0
$5SiO^2Mn^2O^3 17CaO$	IV	1200
$5SiO^2Co^2O^3 17CaO$	IV	I
$5SiO^2Cr^2O^3 17CaO$	IV	III

Ces résultats démontrent d'une façon particulièrement nette la supériorité des ciments exempts d'alumine.

CIMENTS CARBONATÉS AVANT IMMERSION

par un séjour de huit jours dans une solution à 10 p. 100 de carbonate d'ammoniaque. Durée des expériences = 3 ans.

NATURE DES CIMENTS	SULFATE de chaux	EAU DE MER
Ciment Portland de Mantes (Roches)...............	41	346
— — de Dèvres, peu cuit...............	71	II
— — de Boulogne...............	71	II
— — Anglais...............	71	I
— naturel de Ruoms...............	82	0
$10SiO^2Al^2O^333CaO$...............	41	I
$5SiO^2Al^2O^317CaO$...............	71	II
$2SiO^2Al^2O^37CaO$...............	41	175
$2SiO^2Al^2O^39CaO$...............	41	346

Il est assez curieux de voir la différence de l'influence de la carbonatation en présence du sulfate de chaux et de l'eau de mer. Indépendamment de l'avantage d'une plus grande résistance mécanique au moment de l'immersion, la conservation à l'air des blocs, destinés aux travaux à la mer, semble donc devoir augmenter en même temps leur résistance chimique.

MÉLANGES DE CIMENTS ET POUZZOLANES ARTIFICIELLES.

Mis en expérience un mois après la confection des briquettes. Durée des expériences = 4 ans.

NATURE DES PATES	SULFATE de chaux	EAU DE MER
$2SiO^2Al^2O^39CaO$ + SiO^2 calcinée...............	I	III
— + argile déshydratée...............	I	85
Ciment Portland de Boulogne à excès de chaux + SiO^2..	IV	III
— + argile.	III	III
— de Boulogne à excès d'argile + SiO^2....	II	III
— + argile...	0	I
— de Dèvres bien cuit + SiO^2............	III	IV
— + argile............	II	II
— de Dèvres peu cuit + SiO^2............	I	II
— + argile............	I	I

Depuis deux ans il ne s'est produit aucun change-

ment appréciable dans l'état de conservation des briquettes.

MORTIERS DE TRASS	SULFATE de chaux	EAU DE MER
4 parties trass brut + 1 partie chaux éteinte...........	IV	31
4 — broyé + 1 —	104	31
1 — — + 1 —	31	52
1 — — + 1 ciment Portland	0	0
1 — brut + 1 —	II	IV

Ces deux dernières séries d'expériences montrent combien les additions de pouzzolanes sont favorables, pourvu
qu'elles soient réellement actives. Eu effet, des additions
de cendres combustibles et même de pouzzolanes d'Italie
n'ont donné que des résultats assez médiocres. Les résultats eussent été encore plus satisfaisants si on avait
attendu plus longtemps avant de mettre en expériences
les briquettes. Il faut que la pouzzolane ait eu le
temps d'entrer en combinaison avec la chaux pour
faire son effet utile. En immergeant les briquettes après
huit jours au lieu de un mois, on voit tout d'abord une
altération très rapide des briquettes, et l'on croit qu'elles
disparaîtront complètement. Mais, au bout d'un certain
temps, toute action s'arrête et, après des années, elles ne
sont pas plus altérées qu'après un mois d'immersion. C'est
là un point important à prendre en considération dans
l'emploi des pouzzolanes.

L'ensemble de ces dernières études semble conduire
aux conclusions suivantes :

Pour les ciments et chaux naturels d'indice habituel, il
y a une grande importance à employer des produits peu
ou pas alumineux. On évite ainsi la formation de sulfo-
aluminate de chaux, qui est la cause directe des gonflements et fissures des mortiers, surtout dans les parties
librement exposées à l'action de l'eau de mer.

Pour les ciments Portlands alumineux, on augmente beaucoup leur résistance en augmentant notablement leur indice, ce qui engage sans doute l'alumine dans des combinaisons inaltérables à l'eau. On est limité dans cette voie par la formation des poussières lourdes dont la présence diminue la résistance du ciment. Mais on peut s'opposer, dans une certaine mesure, à cette pulvérisation par des additions d'oxyde de fer. L'emploi des ciments ferrugineux, que j'avais recommandé au congrès des Méthodes d'essais en 1900, semble devoir donner des résultats intéressants pour les travaux à la mer.

Enfin, dans tous les cas, les additions de pouzzolanes énergiques sont éminemment favorables. Elles suppriment la chaux libre et rendent ainsi beaucoup plus difficiles, sinon tout à fait impossibles, les phénomènes de décomposition par diffusion de la chaux. Pour le même motif elles doivent s'opposer à la formation du sulfo-aluminate de chaux, qui se produit aux dépens de l'aluminate de chaux le plus riche en chaux. Enfin elles semblent diminuer énormément la perméabilité des mortiers aussi bien à la diffusion simple qu'à la filtration.

CONCLUSION.

Les conclusions les plus nettes de ces études sont, en ce qui concerne le côté purement chimique de la décomposition des mortiers hydrauliques à la mer, les suivantes :

1° Tous les éléments actifs des ciments : chaux, aluminates et silicates, sont immédiatement décomposés quand ils se trouvent en contact direct avec les sels de magnésie de l'eau de la mer, et donnent des chlorures et sulfates de chaux solubles qui entraînent la totalité de la chaux en dissolution;

2° La réaction de l'aluminate de chaux avec le sulfate de chaux, préexistant dans les eaux naturelles ou résultant de l'action du sulfate de magnésie sur les composés calcaires des ciments, donne naissance à un sulfo-aluminate de chaux dont la cristallisation occasionne, comme l'hydratation de la chaux vive, mais d'une façon plus lente, des gonflements et fendillements des mortiers;

3° La pénétration des sels de la mer se fait de deux façons différentes :

L'eau de mer pénètre en bloc par toutes les solutions de continuité résultant des malfaçons, en grande partie inévitables, des maçonneries, et par le fait de la porosité des moellons et briques employés. La porosité normale des mortiers ne semble avoir, à ce point de vue, qu'une importance secondaire.

Ensuite, dans les parties saines des mortiers, les échanges et réactions avec l'eau de mer se font à peu près exclusivement par diffusion et d'autant plus rapidement que la porosité normale de ces mortiers est plus grande;

4° Tous les phénomènes de décomposition à la mer sont sous la dépendance de la formation d'une croûte superficielle infiniment mince dont l'imperméabilité, d'une part, tend à s'opposer aux échanges par diffusion ou tout au moins à les ralentir, et dont l'expansion, d'autre part, par le fait de la formation du sulfo-aluminate de chaux, occasionne des gonflements et fendillements du mortier facilitant ensuite la pénétration de l'eau de mer en masse.

TABLE DES MATIÈRES.